手绘课堂

高分应考
快题设计表现
建筑与规划设计

龙燕 编著

机械工业出版社
CHINA MACHINE PRESS

建筑与规划设计考点内容较多，要想获取高分，应当熟练掌握快题绘制技巧，将表现技法灵活运用到考试中。本书囊括了建筑与规划设计的考点内容，全面介绍了相关院校的基本情况，制订了对应的考研计划，读者可制订详细且符合自身学习能力的备考计划。书中结合了大量案例，从不同角度对建筑与规划设计的线稿绘制、着色表现、快题设计等进行细致解读，读者可在阅读过程中获取相应的绘制经验和绘制技巧。本书适合各大中专院校的建筑与规划设计相关专业的在校师生阅读，也是建筑与规划设计研究生入学考试的重要参考资料。

图书在版编目（CIP）数据

高分应考快题设计表现. 建筑与规划设计/龙燕编著. —北京：机械工业出版社，2024.4

（手绘课堂）

ISBN 978-7-111-75436-7

Ⅰ.①高… Ⅱ.①龙… Ⅲ.①建筑设计—研究生—入学考试—自学参考资料 Ⅳ.①TU

中国国家版本馆CIP数据核字（2024）第061948号

机械工业出版社（北京市百万庄大街22号　邮政编码100037）
策划编辑：宋晓磊　　　　　责任编辑：宋晓磊　李宣敏
责任校对：王小童　宋　安　封面设计：鞠　杨
责任印制：刘　媛
北京中科印刷有限公司印刷
2024年5月第1版第1次印刷
184mm×260mm・10.25印张・265千字
标准书号：ISBN 978-7-111-75436-7
定价：69.00元

电话服务　　　　　　　　　网络服务
客服电话：010-88361066　　机　工　官　网：www.cmpbook.com
　　　　　010-88379833　　机　工　官　博：weibo.com/cmp1952
　　　　　010-68326294　　金　书　网：www.golden-book.com
封底无防伪标均为盗版　机工教育服务网：www.cmpedu.com

前　言

　　快题设计是选拔类考试的重要组成部分，不同专业所需要学习的内容会有所区别，相对应的专业所绘制的内容也会有所变化。建筑与规划设计是当今比较热门的一个专业，它涉及建筑设计、规划设计、环境设计、景观设计等专业的知识，在设计绘制快题图稿时，必须明确设计意图，并能将自身所学展现到快题设计图稿中。

　　要在快题考试中获取高分，首先，考生需具备良好的表达能力和设计能力。对于表达能力，要求能够灵活地运用各类笔刷和颜料，并能巧妙地搭配色彩，创造颇具视觉美感的画面。其次，考生的设计能力要有保证，要求具备比较扎实的设计学基础，能够在较短的时间内将设计构思付诸实践，能考虑到快题设计方案所具备的各项功能，包括后期施工可能会遇到的各种问题与解决方案等。

　　本书以表格的形式介绍了我国知名院校建筑与规划设计专业的相关信息；详细介绍了快题考试的评分标准与相关工具材料，如铅笔、马克笔、彩色铅笔、高光笔、各类考试用纸等。书中对于基本线条的绘制方法、基本透视原理等都做了比较详细的解读。此外，书中还详细地介绍了建筑、规划着色稿的绘制过程，对于快题设计图稿中的文字书写也做了比较细致的注解，并通过分析大量的建筑与规划设计效果图、快题图稿等来阐述绘制技巧。

　　该书通过图文并茂的形式，传达了绘制时应当注意的相关事项。

　　（1）在绘制过程中，要能分清设计重点与设计对象的主次关系，并注重对画面细节的刻画。

　　（2）选择正确的笔触表现建筑材质和建筑结构的特征。

　　（3）选择正确的透视方式，一点透视和两点透视适合表现造型比较规整的建筑，三点透视则适合表现层高较高，顶部为尖顶的建筑，也可用于表现建筑、规划的鸟瞰图。

　　（4）合理运用色彩和分配色彩比例，以便能更好地突显快题设计图稿的设计美。

　　（5）具备沉着、冷静的心态，在快题图稿的绘制过程中，要能恰到好处地绘制近、中、远景之中的内容，并能保持画面的完整性和整洁性，这样才能更好地从大批的快题答卷中脱颖而出。

　　本书通过总结以往的经验，总结出了一套适合研究生入学考试的备考秘诀，即考前分析并选择院校，熟练掌握手绘表达能力；

考时合理分配卷面比例和考试时间，灵活运用色彩和线条；考后调整心态，备考复试。

希望本书能够帮助广大考研读者以高分通过考试，也希望能给正在学习手绘的建筑爱好者、设计师们带来帮助，希望广大读者能够就本书内容提出宝贵意见。本书附有设计表现视频，如需观看，请加微信 whcdgr，将购书小票与本书拍照后发送至微信即可获取。本书由武汉科技大学城市建设学院城乡规划系龙燕编著。

编　者

目 录

前言
第1章 备考基础知识介绍 001
1.1 备考知识储备 002
- 1.1.1 建筑设计 002
- 1.1.2 规划设计 003
- 1.1.3 快题绘制工具 007
- 1.1.4 参考资源 008
1.2 选择合适的院校 009
1.3 考研快题难点和考点 016
- 1.3.1 切合主题 016
- 1.3.2 合理规划考试时间 017
1.4 制订备考计划 018
- 1.4.1 制订学习计划 018
- 1.4.2 专业理论知识学习 019
1.5 快题试卷评分标准 020
- 1.5.1 评分标准 020
- 1.5.2 评分要求 021

第2章 线稿快速表现技法 023
2.1 基本线条表现 024
- 2.1.1 握笔姿势 024
- 2.1.2 线条绘制要点 024
- 2.1.3 直线 026
- 2.1.4 曲线、乱线和多样线 029
2.2 透视原理 030
- 2.2.1 一点透视 031
- 2.2.2 两点透视 033
- 2.2.3 三点透视 035
2.3 建筑线稿表现 037
- 2.3.1 基础几何体练习 037
- 2.3.2 建筑体块阴影刻画 037
- 2.3.3 建筑门窗强调立体感 038
- 2.3.4 单体植物 039
- 2.3.5 配景 041
- 2.3.6 建筑成图线稿解析 044
2.4 规划设计线稿表现 046
- 2.4.1 规划设计线稿绘制要点 046
- 2.4.2 规划空间线稿解析 048

第3章 快题设计着色表现 049
3.1 马克笔运用 050
- 3.1.1 马克笔表现技法 050
- 3.1.2 马克笔应用 052
3.2 彩色铅笔运用 052
- 3.2.1 彩色铅笔特点 052
- 3.2.2 彩色铅笔表现技法 053
3.3 建筑着色表现 054
- 3.3.1 建筑体块着色 054
- 3.3.2 建筑门窗着色 055
- 3.3.3 单体植物着色 055
- 3.3.4 配景着色 057
- 3.3.5 建筑成图着色解析 060
3.4 规划设计着色表现 068
- 3.4.1 规划设计着色技法要点 068
- 3.4.2 规划设计着色稿解析 069

第4章 文字思维导图设计 071
4.1 标题文字 072
4.2 思维导图 076
- 4.2.1 气泡图 077
- 4.2.2 过程图 079
- 4.2.3 导向图 079
- 4.2.4 关系图 081
- 4.2.5 简表图 081
4.3 设计说明 082
- 4.3.1 设计说明书写 082
- 4.3.2 设计说明修改案例 083

第5章　单图着色步骤方法····085

5.1　单幅效果图表现步骤······086
5.1.1　办公楼效果图············086
5.1.2　会议大楼效果图··········088
5.1.3　工厂建筑效果图··········090
5.1.4　图书馆效果图············092
5.1.5　快捷酒店效果图··········094
5.1.6　音乐厅效果图············096
5.1.7　独栋住宅建筑效果图······098
5.1.8　艺术馆效果图············100
5.1.9　规划设计效果图··········102

5.2　优秀效果图解析··········104
5.2.1　购物商场建筑效果图······104
5.2.2　酒店建筑效果图··········105
5.2.3　休闲度假建筑效果图······107
5.2.4　别墅建筑效果图··········110
5.2.5　办公建筑效果图··········116
5.2.6　博览中心建筑效果图······123
5.2.7　古建筑效果图············125
5.2.8　规划设计效果图··········130

第6章　快题设计作品解析····131

6.1　快题版面设计············132
6.1.1　版面设计元素············132
6.1.2　版面布局形式············132

6.2　优秀作品解析············133
6.2.1　建筑设计快题作品········133
6.2.2　规划设计快题作品········150

参考文献························158

第1章 备考基础知识介绍

学习难度: ★☆☆☆☆
重点概念: 建筑设计、规划设计、考点、难点、备考计划、评分标准
章节导读: 备考旨在强化自身专业素养并增加知识储备。在考试前,应当详细了解建筑与规划设计的相关知识和院校信息,准确选择合适的院校。熟悉建筑与规划设计的评卷标准以及历年来考题的难点,这对提高分数有很大帮助。本章主要介绍建筑设计、规划设计、考研院校情况分析、历年考点、备考计划、评分标准等内容。

1.1 备考知识储备

具备足够的知识储备才能运筹帷幄，才能在限定时间内拿出一份令人满意的答卷，这也是莘莘学子在考前必须具备的能力。

1.1.1 建筑设计

建筑设计是通过科学且经济的手段，利用人机工程学、设计美学、建筑学等知识，来建造和美化建筑物，建筑设计的过程是建筑与环境相融合的过程（图1-1）。

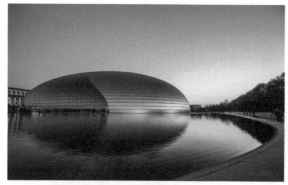

a）中国国家大剧院　　　　　　　　　　　　b）澳大利亚悉尼歌剧院

图1-1　具有创意的建筑

↑现代知名建筑大多为仿生创意造型。将自然界中现存有的且具备审美感的造型加以变化运用，以获得大多数人的共性审美认知，这种设计理念可运用到快题考试中，是比较稳妥的创意方式。

1. 概念

建筑设计是在建造建筑物之前，根据建设任务和相关科学理论知识，将施工过程和使用过程中可能产生的问题罗列出来，并设想解决方案，最终，通过图纸和文件的形式展示在公众面前。

2. 建筑设计原则

（1）功能。设计的建筑要能为公众的工作、生活等提供良好的环境，建筑内部门窗大小、卫生间与楼梯位置、采光面积和通风条件、周边绿植情况等都应合理化，并符合公众的使用需求。

（2）规划。总体规划中包含有单体建筑，在设计时要充分考虑单体建筑物与周边建筑、环境的比例关系，建筑所选用的材料和色彩应能与总体规划要求相符合。

（3）美观。设计的建筑要具有观赏性，并能为公众带来精神享受。

（4）经济。建筑过程是极其复杂的，且需耗费人力、物力、财力，因此，建筑设计要尽可能因地制宜，实现集约化设计。

3. 建筑快题设计

建筑快题设计要保证完整、准确。

（1）完整。要求能够在有限时间内完成建筑设计与绘制，能突出建筑设计的特点。所绘制的内容在设计上要满足考题要求，通过合理配色和图面布局将建筑设计内容完整展示出来。

（2）准确。要求图面版式与图面效果能准确表达设计特点和作用。设计内容要能准确表达出考题的立意，符合考题中既定的相关指标和条件。

1.1.2 规划设计

规划设计是一项兼具宏观与微观的设计,它是在综合经济、文化、政治、历史、地理、气候、交通、民俗等多种因素后,对某一项目进行的系统设计(图1-2)。

a)建筑景观规划

b)建筑群体规划

图1-2 规划设计
↑规划设计注重功能轴线,在轴线序列中注入建筑的各功能区,将区域连接为一体,形成具有前后逻辑的功能空间。在快题设计中,应当先设计规划轴线,再根据轴线来分布建筑,让规划中的功能建筑有序分配。

1. 分类

根据区域层次的不同,规划设计可细分为城镇体系规划设计、城市总体规划设计、城市规划设计、镇规划设计、乡或村规划设计。

根据服务类型不同,规划设计可分为城镇体系规划设计、村镇规划设计、城市规划设计、居住区规划设计、城镇发展战略规划设计、修建规划设计、控制规划设计、文化古城保护规划设计、风景区规划设计等。

2. 规划设计原则

(1)安全。要求设计具备防火、抗震、防爆、防洪、防泥石流等功能,同时考虑交通管理、治安管理、防空建设等问题。在设计过程中,需要协调传统与现代之间、自然景观与人文景观之间的关系。

(2)经济。要求设计能够因地制宜,就地取材,不占良田,要减少资源的浪费,在解决设计问题的前提条件下能够合理用地,合理开发。

(3)整合。要求设计能够统筹全局,能够维持建设的文化完整度,能够有长远的发展眼光,能够协调好生活区、商业区、工业区、文教区、娱乐区等之间的关系,并能合理布局。

(4)社会。要求设计能够为公众提供有效的服务,能够促进经济有效发展和科教事业蓬勃发展,注重环境与人之间的和谐性,能够为公众提供舒适、轻松且极具现代化的美好环境。此外,社会原则要求设计能够重视无障碍环境的营造,要在各建筑入口和商业街区入口设置无障碍通道,以此来实现促进社会文明的发展。

3. 红线

红线(图1-3)是场地限制中较重要的一部分,这里主要介绍建筑后退红线、用地红线、道路红线的具体内容。

建筑与规划设计

快题设计的意义

快题设计可以使设计者的创意与表现达到高度统一,能提升设计创意实施的成功率,增强设计者之间的互动与交流;除此之外,将设计语言展示在图纸上,可以强化设计的创意性和表现性,能帮助设计者设计出优质且具有特色的空间,同时能将设计意图准确地传达给公众。

快题设计在设计初期是一份较完整的草图,总设计师在草图上尽情发挥创意,可不断修改、调整,为正式的方案图与效果图提供设计依据。快题设计在设计中期是解决各种疑难问题的沟通利器,通过快速表现提出多种设计难题的解决方案,为后续深入设计提供执行依据。此外,快题设计在设计总结、施工管理过程中都是必不可少的参考图本。

(1)建筑后退红线。建筑后退红线用来规定建筑物应该距离城市用地或者距离用地红线的程度,当所建设的高层建筑总高度小于60m时,相邻的支道后退值要大于1.5m,相邻的次干道后退值要大于3m,相邻的主干道后退值则需大于5m;当所建设的高层建筑总高度大于60m时,相邻的支道后退值要大于3m,相邻的次干道后退值要大于5m,相邻的主干道后退值则需大于7m。根据建筑后退红线的相关规定,沿城市快速路段建设的建筑,后退距离要大于20m;沿城市主干道和次干道建设的建筑,后退距离要大于15m;沿城市支路建设的建筑,后退距离要大于10m;沿建制镇主要道路建设的建筑,后退距离要大于8m;沿建制镇一般道路建设的建筑,后退距离则要大于5m。

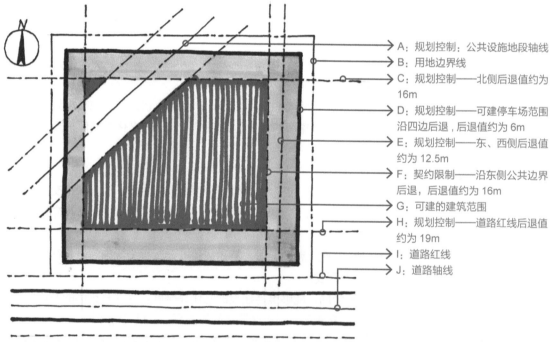

图1-3 红线

(2)用地红线。用地红线指建设用地的边界线或征地线,这种红线限定了土地的使用权,标清了空间界限(图1-4)。

(3)道路红线。道路红线指规划城市道路用地的边界线,绘制之前需明确城市道路包括城市主干路、城市次干路、城市支路以及居住级道路等,且每种道路用地中都应囊括人行通道、非机动车道、机动车道、绿化带、隔离带、道路岔路口等(图1-5)。

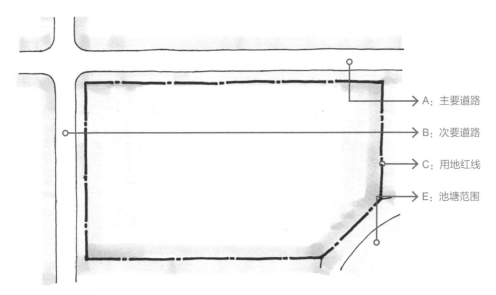

图 1-4 用地红线

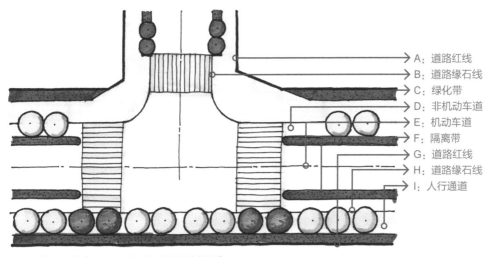

图 1-5 道路红线（C～G 范围为道路用地范围）

4. 规划快题设计

规划快题设计要求能够在有限的时间内充分表现场地环境的特色，合理布局建筑、绿植、配套设施的位置，清晰展现建筑与河流之间的位置关系，以及明确场地与周边道路之间的位置关系，同时应保证组织交通合理，空间布局满足使用功能（图 1-6）。

小贴士

建筑与规划设计快题考试类型

1. 普通型，包括建筑设计和场地设计。
2. 解题型，多从建筑的功能入手解题，绘制对象为建筑本身。
3. 综合型，包括两层设计，第一层为大场地的总体规划设计，第二层为场地内独栋建筑的设计。
4. 创意型，主要考虑设计的建筑需满足怎样的条件，立意比较新。

建筑与规划设计

高分应考快题设计表现

图面左侧布置标题,表现明确的主题思想,与考题密切相关。

思维导图内容主要表现交通流线与区域划分,明确场地的体块关系。

整体平面图中的道路规划是关键,要求能强化并贯通整个场地的区块关系。

局部效果图简化表现,所选择的建筑造型应当简洁,配色略显清淡,为主效果图留下空间。

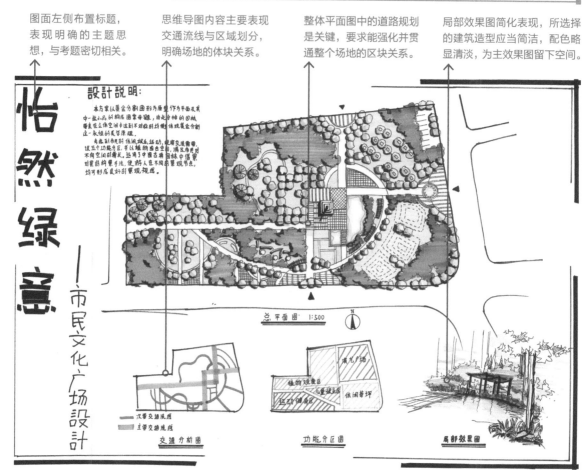

a)快题设计文化广场规划(张辰)

绘制树木采用多种黄色、绿色相互叠加的手法,笔触较宽,表现丰富的层次感。

主体建筑造型用直尺辅助描绘其轮廓,表现挺拔坚固的视觉效果。

建筑中砖墙色彩较深,与玻璃反光的浅色形成一定对比,具有层次感。

草坪绿地呈阶梯状,接近建筑的部位色彩较浅,与建筑的光亮感形成呼应。

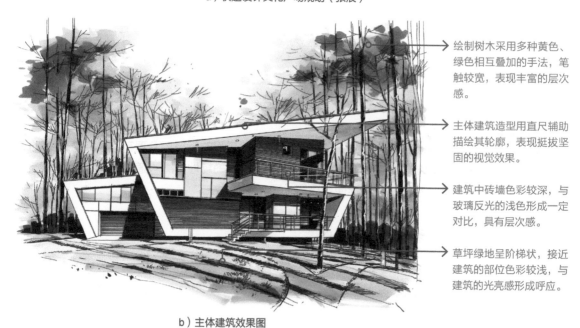

b)主体建筑效果图

图 1-6 规划快题设计

1.1.3 快题绘制工具

快题设计绘制所用的工具主要包括纸类工具、笔类工具以及辅助类工具等,现介绍如下(表1-1)。

表1-1 手绘工具一览

类别	类别	图示	特点
纸类工具	普通打印纸		普通打印纸也指复印纸,多用于快题设计线稿绘制,质地有薄有厚,色彩的穿透度比较高,主要是采用草浆和木浆纤维制作而成,规格有A0、A1、A2、A4、A5、B1、B2等
	马克笔专用纸		马克笔的渗透性比较强,使用马克笔进行产品的快题表现时应当选择马克笔专用纸。这类纸张笔触柔和清晰,色彩还原度比较好,且色彩不会轻易穿透纸张,实用性比较强
	珠光纸		珠光纸不会出现扩墨现象,但表面容易被摩擦变色,使用铅笔在其表面绘制时应当轻画轻擦,如使用马克笔在其表面进行着色稿的绘制时,应待底层色彩干透后再进行面层上色
	卡纸		卡纸质地较硬,表面比较平滑,色彩不会轻易渗透,挺括感比较好,但在白卡纸上绘制时要注意处理好扩墨的问题
	透明纸		透明纸分为描图纸、白色拷贝纸和黄色拷贝纸。这类纸张质地比较薄,一般呈现半透明状,目前使用频率较低
笔类工具	铅笔		铅笔多用于快题设计线稿绘制,铅笔笔芯的质地从硬到软有不同的硬度等级,其中2H和H型比较适合绘制底稿。用铅笔绘制时需注意运笔的方向,画水平线为从左到右,画垂直线为从下到上。在作图过程中,运笔应均衡,保持稳定的运笔速度和用力程度,避免出现因划伤纸面,导致难以被绘图笔遮盖或被橡皮擦除的情况
	彩色铅笔		彩色铅笔可分为蜡质彩色铅笔和水溶彩色铅笔,前者色彩丰富,拥有比较特别的表现效果,后者则很难形成平滑的着色层,且容易形成色斑。水溶性彩色铅笔应用最广,铅笔线条能均匀排列,可根据需要进行色彩叠加,以达到变化效果。除此之外,还可将彩色铅笔线条与适量水融合,以实现退晕,获取不同层次感的效果
	马克笔		马克笔可用于快题设计图稿上色,可分为油性马克笔、水性马克笔、酒精性马克笔。不同品牌的马克笔有不同的特点,触感和上色的效果也会不同
	高光笔		高光笔又称为白色笔,这种笔可用于提亮画面局部的亮度,能有效增强画面的明暗对比度,适用于效果图表现图稿。使用方法与中性笔一致,多用于画面色彩较深的区域,适用于小面积点涂

（续）

类别		图示	特点
笔类工具	针管笔		针管笔的笔芯类似针杆，较纤细，这种笔拥有比较好的墨色饱满度，笔宽精度也较好。使用针管笔绘制快题设计图稿时一定要确保笔尖垂直于纸面
辅助类工具	涂改液		涂改液的作用和高光笔一样，不同的是涂改液可大面积涂绘，也可用于在反光、透光以及高光部位点绘。覆盖有涂改液的区域不可再次使用马克笔或彩色铅笔着色，否则会毁坏画面的美观度和完整度
	橡皮		橡皮根据材质的不同可分为软质橡皮、硬质橡皮、可塑橡皮。软质橡皮的使用频率最高，适用于擦除线条痕迹比较浅的铅笔轮廓；硬质橡皮也常有使用，适用于擦除纸面有被手指摩擦污染或线条痕迹略深的部位；可塑橡皮灵活性比较强，可用于减弱彩色铅笔在纸面上绘制的密集线条的痕迹
	尺规		尺规根据形状和用途的不同可细分为直尺、三角尺、丁字尺、比例尺以及平行尺等。一般直尺可用于绘制线段较长的透视线；三角尺可用于绘制比较常规的细节和构造；丁字尺可用于帮助定位水平线；比例尺可用于绘制彩色平面图中的精确数据；平行尺则可用于绘制具有连续性的常规构造线

1.1.4 参考资源

在正式考试之前，除了熟读专业科目书籍外，还需阅读一些与专业相关的外文翻译书籍，这类书籍可以帮助扩展思维，对个人设计水平的提升也很有帮助。如图1-7所示为与考研相关的网站。

←考生还可在考研帮、考研网、百度文库、搜狐网、新浪网、筑龙网以及各大院校对应专业的考研贴吧内寻找相关的考研资料。在相关网站上还会有高分学子发表的考研经验和不同院校历年来考研的试卷，考生可下载阅读并进行模拟测验。

图1-7 考研相关网站

1.2 选择合适的院校

了解考研院校的信息是备战考研十分重要的组成部分,充分了解目标院校考研要求才能最大限度地提高考生的专业水平和专业素养,才能更好地提高考生的核心竞争力。

下面以表格的形式介绍部分院校的相关考试信息,具体信息仅供参考(表1-2)。

表1-2 建筑与规划设计院校导航一览

院校名称	院校地点	校徽	考研专业	招生院系	专业课一	专业课二
清华大学	北京		(专业学位)085100 建筑学	(000)建筑学院	355 建筑学基础	511 建筑设计(6小时)
			(专业学位)085300 城市规划		356 城市规划基础	512 城市规划设计(6小时)
北京交通大学	北京		081300 建筑学	(011)建筑与艺术学院	355 建筑学基础	501 建筑快题设计(6小时)
			083300 城乡规划学		502 城市规划快题设计(6小时)	614 城市规划理论
北京工业大学	北京		081300 建筑学	(012)建筑与城市规划学院	355 建筑学基础	504 建筑学术快速设计
			083300 城乡规划学		503 城乡规划设计(学术)	633 城乡规划管理
北方工业大学	北京		081300 建筑学	(005)建筑与艺术学院	541 建筑设计(6小时)	641 建筑历史与理论
			083300 城乡规划学		542 城市规划设计(6小时)	642 城市历史与理论
北京建筑大学	北京		081300 建筑学	(001)建筑与城市规划学院	355 建筑学基础	501 建筑设计快题(6小时)
			083300 城乡规划学		502 城市规划设计快题(6小时)	610 城市规划学基础
中央美术学院	北京		081300 建筑学	(007)建筑学院	712 建筑设计	812 设计基础
			083300 城乡规划学		713 城市设计	813 设计基础

高分应考快题设计表现
建筑与规划设计

（续）

院校名称	院校地点	校徽	考研专业	招生院系	专业课一	专业课二
河北工程大学	邯郸		081300 建筑学	（001）建筑与艺术学院	501 快题设计（6小时）	610 建筑综合
河北工业大学	天津		081300 建筑学	（023）建筑与艺术设计学院	501 建筑设计	731 建筑理论综合
			083300 城乡规划学		502 城乡规划与设计	732 城市规划理论综合
河北农业大学	保定		083300 城乡规划学	（008）城乡建设学院	501 规划设计（6小时）	703 城市规划原理及中外建筑史
					503 城乡规划设计（学术）	633 城乡规划管理
天津大学	天津		081300 建筑学	（206）建筑学院	513 建筑设计（6小时）	728 建筑理论综合
			083300 城乡规划学		732 城乡规划基本理论与相关知识	903 城乡规划实务
天津城建大学	天津		081300 建筑学	（001）建筑学院	501 建筑设计A（6小时）	611 建筑理论综合
			（专业学位）085100 建筑学		355 建筑学基础	501 建筑设计A（6小时）
			083300 城乡规划学		502 城市规划设计（6小时）	612 城乡规划理论知识
太原理工大学	太原		081300 建筑学	（006）建筑与土木工程学院	501 建筑与室内设计（6小时）	706 建筑理论综合
			083300 城乡规划学		502 城市规划设计（6小时）	706 建筑理论综合
内蒙古工业大学	呼和浩特		081300 建筑学	（014）建筑学院	501 快速设计（6小时）	615 建筑知识综合
			（专业学位）085100 建筑学		355 建筑学基础	501 快速设计（6小时）

（续）

院校名称	院校地点	校徽	考研专业	招生院系	专业课一	专业课二
内蒙古工业大学	呼和浩特		083300 城乡规划学	（014）建筑学院	502 城规快速设计（6小时）	616 城乡规划知识结合
同济大学	上海		（专业学位）085300 城乡规划学	（010）建筑与城市规划学院	356 城市规划基础	447 城市规划相关知识
			（专业学位）085100 建筑学		355 建筑学基础	803 建筑设计
上海交通大学	上海		081300 建筑学	（430）设计学院	612 理论综合	806 设计综合
青岛理工大学	青岛		081300 建筑学	（003）建筑与城乡规划学院	355 建筑学基础	807 建筑设计
			083300 城乡规划学		501 城市规划设计（6小时）	701 城乡规划理论综合
			（专业学位）085100 建筑学		355 建筑学基础	807 建筑设计
山东建筑大学	济南		081300 建筑学	（005）建筑城规学院	552 建筑设计（一）（6小时）	750 建筑史论
			083300 城乡规划学		356 城市规划基础	447 城市规划相关知识
烟台大学	烟台		081300 建筑学	（017）建筑学院	355 建筑学基础	550 建筑设计基础（6小时）
南京大学	南京		081300 建筑学	（036）建筑与城市规划学院	355 建筑学基础	843 中外建筑历史与理论
			083300 城乡规划学		356 城市规划基础	447 城市规划相关知识
苏州大学	苏州		081300 建筑学	（022）金螳螂建筑学院	501 快题设计与表现Ⅰ	630 设计基础

高分应考快题设计表现
建筑与规划设计

（续）

院校名称	院校地点	校徽	考研专业	招生院系	专业课一	专业课二
东南大学	苏州／南京		081300 建筑学	（001）建筑学院	503 建筑设计基础（6小时）	713 建筑学综合
			083300 城乡规划学		505 规划设计基础（6小时）	732 城市规划原理
浙江大学	杭州		（专业学位）085100 建筑学	（120）建筑工程学院	355 建筑学基础	501 建筑设计快题（6小时）
			（专业学位）085300 城市规划		356 城市规划基础	446 城市规划设计
浙江工业大学	杭州		081300 建筑学	（006）建筑工程学院	506 建筑设计	676 建筑学专业基础
			083300 城乡规划学		505 城乡规划设计	675 城乡规划原理
中国美术学院	杭州		081300 建筑学	（010）建筑艺术学院	355 建筑学基础	550 建筑与城市专业理论
南昌大学	南昌		081300 建筑学	（011）建筑工程学院	501 建筑设计基础	638 建筑基本知识（含建筑构造、中外建筑史）
合肥工业大学	合肥		081300 建筑学	（008）建筑与艺术学院	503 建筑设计与表现（6小时）	721 设计基础理论（一）
			083300 城乡规划学		505 规划设计与表现（6小时）	723 规划设计基础理论
安徽理工大学	淮南		081300 建筑学	（003）土木建筑学院	355 建筑学基础	501 建筑设计与表达（6小时）
安徽建筑大学	合肥		081300 建筑学	（002）建筑与规划学院	355 建筑学基础	501 建筑设计
			083300 城乡规划学		502 城市规划快题设计	城市规划原理

（续）

院校名称	院校地点	校徽	考研专业	招生院系	专业课一	专业课二
福州大学	福州		081300 建筑学	（015）建筑学院	511 建筑设计快题	626 建筑学基础
			083300 城乡规划学		512 规划设计快题	627 城乡规划基础
郑州大学	郑州		081300 建筑学	（024）建筑学院	355 建筑学基础	501 建筑学快速题设计
			083300 城乡规划学		505 城乡规划快速设计	505 城乡规划快速设计
河南工业大学	郑州		081300 建筑学	（004）土木建筑学院	501 建筑设计（6 小时）	854 城市规划原理
武汉大学	武汉		081300 建筑学	（209）城市设计学院	355 建筑学基础	916 建筑设计
华中科技大学	武汉		081300 建筑学	（220）建筑与城市规划学院	355 建筑学基础	502 建筑设计（6 小时）
			083300 城乡规划学		356 城市规划基础	503 规划设计（6 小时）
武汉理工大学	武汉		081300 建筑学	（006）土木工程与建筑学院	355 建筑学基础	504 建筑设计（6 小时）
			083300 城乡规划学		505 城市规划设计（6 小时）	628 城市规划原理
湖北工业大学	武汉		081300 建筑学	（005）土木建筑与环境学院	355 建筑学基础	856 建筑历史
长沙理工大学	长沙		081300 建筑学	（017）建筑学院	501 建筑设计（6 小时）	701 建筑历史

高分应考快题设计表现
建筑与规划设计

（续）

院校名称	院校地点	校徽	考研专业	招生院系	专业课一	专业课二
湖南大学	长沙		081300 建筑学	（004）建筑学院	355 建筑学基础	501 建筑设计（6小时）
			083300 城乡规划学		356 城市规划基础	502 城市规划设计（6小时）
中南大学	长沙		（专业学位）085100 建筑学	（013）建筑与艺术学院	355 建筑学基础	990 建筑设计
			（专业学位）085300 城乡规划学		356 城市规划基础	446 城市规划设计
南华大学	衡阳		083300 城乡规划学	（021）建筑学院	691 城乡规划基础/692 建筑学理论综合	896 快题设计
华南理工大学	广州		081302 建筑设计及其理论	（102）建筑学院	355 建筑学基础	501 建筑设计
			083300 城乡规划学		356 城市规划基础	502 城市规划设计
深圳大学	深圳		081300 建筑学	（010）建筑与城市规划学院	501 建筑设计或建筑物理（6小时）	355 建筑学基础
			083300 城乡规划学		446 城市规划设计	356 城市规划基础
广州大学	广州		081300 建筑学	（009）建筑与城市规划学院	511 建筑设计与表现（6小时）	617 中外建筑史
			083300 城乡规划学		512 规划设计与表现（6小时）	614 城乡规划学综合
广东工业大学	广州		081300 建筑学	（010）建筑与城市规划学院	612 建筑历史与建筑构造	855 建筑设计
			083300 城乡规划学		619 城市规划原理	864 城市规划设计

（续）

院校名称	院校地点	校徽	考研专业	招生院系	专业课一	专业课二
桂林理工大学	桂林		083300 城乡规划学	（004）土木与建筑工程学院	639 城市规划原理	831 规划设计基础
西北大学	西安		083300 城乡规划学	（022）城市与环境学院	638 城市规划基础（含道路交通规划和市政工程规划）	838 城市规划原理
西北工业大学	西安		081302 建筑设计及其理论	(006) 力学与土木建筑学院	355 建筑学基础	871 建筑设计原理及城市规划原理
西安建筑科技大学	西安		081300 建筑学	（003）建筑学院	355 建筑学基础	501 建筑设计（6小时）
			083300 城乡规划学		356 城市规划基础	502 规划设计（6小时）
长安大学	西安		081300 建筑学	（011）建筑学院	615 建筑设计原理及建筑历史	836 建筑设计快题
			083300 城乡规划学		611 城乡规划原理及城市建设史	850 规划设计快题
兰州交通大学	兰州		083300 城乡规划学	（018）建筑与城市规划学院	501 城市规划设计（6小时）	612 城市规划原理
重庆大学	重庆		081300 建筑学	（015）建筑城规学院	501 建筑设计（6小时）	622 建筑理论
			083300 城乡规划学		502 城市规划设计（6小时）	623 城市规划理论
四川大学	成都		081300 建筑学	（305）建筑与环境学院	501 建筑设计（6小时）	615 建筑历史与技术
			083300 城乡规划学		502 城市规划设计（6小时）	616 城乡规划基础
云南大学	昆明		083300 城乡规划学	（022）建筑与规划学院	647 城市规划基础	873 城市规划相关知识

（续）

院校名称	院校地点	校徽	考研专业	招生院系	专业课一	专业课二
西南交通大学	成都		081300 建筑学	（008）建筑与设计学院	355 建筑学基础	511 建筑设计快题（6小时）
			083300 城乡规划学		512 规划设计快题（6小时）	640 城乡规划理论
西南科技大学	绵阳		083300 城乡规划学	（106）土木工程与建筑学院	501 城市规划设计（6小时）	616 城市规划原理
沈阳建筑大学	沈阳		081300 建筑学	（001）建筑与规划学院	355 建筑学基础	501 建筑设计与表达（6小时）
			083300 城乡规划学		502 城市规划设计（6小时）	701 城乡规划基础
大连理工大学	大连		081300 建筑学	（160）建筑与艺术学院	355 建筑学基础	501 建筑设计
			083300 城乡规划学		502 规划设计	623 城市规划原理

1.3　考研快题难点和考点

　　一份优质的快题答卷必定有着丰富且全面的设计方案，所绘制的内容也应当能够清晰且深刻地阐明答题的立意。

1.3.1　切合主题

1. 方案设计

　　方案设计的过程是命题分析和设计构思的过程，这个过程主要考察考生的形态设计能力、空间布局能力、设计表达能力等。方案设计的难点在于考生是否能够理解考题要求，是否能够通过空间布局和设计内容的细致刻画解决好考题中所要求的设计问题，以及是否能够设计更具创意和实用的方案等。

2. 设计表现

　　设计表现主要考察的是考生的手绘能力和对色彩的把控能力。它要求考生能够清晰、明确地绘制出与考题内容相关的设计图纸，包括平面图、立面图、剖面图、效果图等，并能附上相应的文字说明。设计表现的难点在于确保快题图稿比例、构图、透视、空间尺度等方面的准确度，以及图稿主次是否分明，配景绘制是否生动、形象等。

如图 1-8 所示为建筑线稿设计表现。

a）横向展开　　　　　　　　　　　　　　b）纵向叠加

图 1-8　建筑线稿设计表现

↑建筑线稿设计表现注重建筑结构与形体，需深入且细化表现建筑结构，并选择合适的构图与透视。横向展开的建筑线稿要表现出建筑场景的开阔感，纵向叠加的建筑线稿要表现出前后建筑的层次感，突出主体建筑或建筑的主要造型。

1.3.2　合理规划考试时间

对时间的规划和控制主要考察考生是否具备良好的时间观念，是否能够根据自身的学识合理分配考试时间。考生需要做到的是根据设计方案分时间段地绘制设计内容。在下笔之前，必须明确设计草图和具体的设计方案，并注意预留出最后审查和完善的时间（表 1-3～表 1-5）。

表 1-3　8 小时考试时间分配表

规划内容	用时（分钟）
审题、构思	20
绘制结构草图	20
绘制一草图	40
绘制二草图	40
绘制正式平面图	120
绘制分析图	30
绘制表现图	60
文字书写	20
深化具体表现图	100
整体调整	30

表 1-4　6 小时考试时间分配表

规划内容	用时（分钟）
审题、构思	10
绘制结构草图	15
绘制一草图	30
绘制二草图	30
绘制正式平面图	100
绘制分析图	20
绘制表现图	50
文字书写	15
深化具体表现图	70
整体调整	20

表 1-5　3 小时考试时间分配表

规划内容	用时（分钟）
审题、构思	5
绘制结构草图	10
绘制一草图	10
绘制二草图	10
绘制正式平面图	50
绘制分析图	10
绘制表现图	30
文字书写	10
深化具体表现图	35
整体调整	10

小贴士　快题设计的流程

首先，确定主题并分析考题，预想设计形态和设计可能会遇到的问题与定位等。然后，确定设计元素，如具备美观性的设计元素，绿色设计以及创新设计等。接着，提炼设计元素，精简视觉符号，夸张化处理设计元素并删减多余的设计细节等。最后，创造视觉形象，分析设计元素的色彩、材料、比例、结构、肌理等特征。

1.4 制订备考计划

备考计划存在的目的是为了帮助考生熟悉考研流程,这种有计划性和逻辑性的备考方式能够督促考生更积极地备考。

1.4.1 制订学习计划

下面将以表格的形式介绍考研备考计划的具体内容,注意该内容仅供参考,具体根据个人的自身学习能力来定(表1-6、表1-7)。

表1-6 考研时间规划

时间		规划的内容
第一年	1月	确定好考研专业,收集考研相关信息,可适当听一些考研讲座,加深对考研的认识
	2月	多听一些讲解考研具体形势的讲座,开始制订学习计划
	3月	全面了解报考专业的相关信息,如报考难度、报考分数线以及考试题型等
	4~5月	第一轮复习,不仅要注重基础理论知识的学习,还要加强手绘操作能力的训练,大量临摹优秀作品,建立一套正确的快题设计观念,从优秀作品中寻找、总结出模板并进行深化设计
	6月	网上搜索与考研考试大纲有关的资料,适当购买辅导用书,或选择报班学习
	7~8月	第二轮复习,开始刷题,要注重对考题题型的研究,并反复研究错题,争取可以在模拟试卷中获取高分。手绘方面的练习也应当提高难度,可选择历年的真题进行模拟答题,这样也能加深对设计的理解,同时应选择不同设计主题进行快题设计绘制
	9月	密切关注各招生单位的招生简章和专业计划,购买相应书籍,了解清楚关于专业课的考试信息,包括考试地点、考试时间等
	10月	第三轮复习,归纳、总结,了解透彻自身学习情况,并准备报名
	11月	明确现场报名时间,并现场确认报名,继续第三轮复习,这一阶段要加强专业知识的学习和手绘操作能力方面的训练,要学会举一反三,能够发散性地理解考题,并有足够的信心可以通过考试
	12月	考前整理与考前冲刺,要有比较强的心理素质,熟悉考试环境,调整好考试心态,准备初试
第二年	2月	查询初试成绩
	3月	密切关注复试所需的分数线,并制订相应的计划
	4月	调整好心态,联系好招生院校,准备复试
	5月	查询复试成绩,准备迎接未来的研究生生涯

表 1-7　时间规划周计划参考表

周目标：固定完成一定量的快题设计，并学习和记忆设计理论、设计史等知识点							
时间	星期一	星期二	星期三	星期四	星期五	星期六	星期日
7:00～9:00	建筑单体练习	绿化单体练习	建筑单体练习	其他配景练习	建筑单体练习	创意过程图练习	建筑单体练习
9:00～12:00	建筑透视练习	绿化场景练习	建筑透视练习	人物车辆练习	建筑透视练习	设计说明、标题文字练习	建筑透视练习
13:00～15:00	快题设计临摹	设计理论/设计史	快题设计临摹	设计理论/设计史	快题设计临摹	设计理论/设计史	快题设计临摹
15:00～18:00	快题设计创作	设计理论/设计史	快题设计创作	设计理论/设计史	快题设计创作	设计理论/设计史	快题设计创作
19:00～21:00	英语	政治	英语	政治	英语	政治	英语

1.4.2　专业理论知识学习

专业理论知识的学习主要包括理论知识备考、创意理论知识备考以及创意设计备考，复习时要有针对性。专业理论科目根据具体学校的要求来设定，主要为设计理论与设计史两种类型，部分院校会将建筑表现与快题设计的题目融入这两门考试中。如果将建筑表现与快题设计单独作为一门考试科目，那么在设计理论与设计史中，只会考一门。

1. 设计理论

考试题型主要为选择题、填空题、名词解释题、简答题、分析论述题等题型，部分院校会在简答题、分析论述题中注入设计表现的要求。备考这门考试的重点在于基础设计理论知识的积累和对设计规范的灵活运用，可通过强化练习，多做题，并设置难题、错题集或将部分巧妙的句子摘录在笔记本上，以提高自身的应考能力。

2. 设计史

设计史的考试题型与设计理论相当，同样，部分院校会在简答题、分析论述题中注入设计表现的要求。备考这门考试的重点在于基础内容是否熟记于心，可通过反复刷题的方式来加深对知识点的记忆，如有空余的时间还可多关注时事新闻，了解相关时事。

除了上述两门专业理论考试科目外，部分专业可能会有 3～4 门考试科目，需要在考前前往招考院校咨询并做好备考。备考重点在于分门别类的复习，并根据相关知识点建立逻辑性比较强的知识构架，通过反复刷题来深刻记忆考点。部分院校的招考科目为创意设计，也就是快题设计，备考重点在于手绘操作能力的训练，要重视对历年考试真题的研究和分析，并临摹优秀快题图稿，从中吸取绘制经验。

1.5 快题试卷评分标准

本节主要讲解考研快题试卷的评分标准,能够获取高分的快题答卷应当同时具备美观性、可行性、可读性。美观性要求快题图稿中设计的内容要能满足形式美和结构美的要求;可行性要求快题图稿中设计的内容要能具备一定的现实价值,并能付诸实践,且评卷老师能一眼看懂设计的内容;可读性要求快题图稿中设计的内容要能满足公众日常需要,且必须紧扣考题要求。

如图1-9所示为建筑线稿图。

a)强化明暗对比

b)强化线条结构

图1-9 建筑线稿图

↑想要获得高分试卷,从绘制基础线稿时就应加强黑、白、灰之间的对比,丰富层次,为后期着色打好基础。如果考试时间紧张,那么最基础的线条结构也应表现清晰,主要形态轮廓的边缘转角线条要交错绘制。

1.5.1 评分标准

每所学校快题设计试卷的评分标准(表1-8)大致相同,评分过程一般可以分为四轮。

第一轮为海选轮,即浏览所有试卷,并选择出在视觉表现上相对较差与备选方案表现能力较差的试卷,将其放入不及格的一类试卷中。

第二轮为分档轮,即根据卷面情况将剩下的试卷分为A、B、C、D四档。

第三轮为细化轮,即将之前分档的试卷再次进行划分,分为上、中、下三个级别,以字母加符号的形式标明,如A+、A等。

第四轮为评分轮,即对试卷评分,分数可有1~2分的差值。

表1-8 快题设计试卷评分标准

分档	分数	卷面情况
A+	135	完成考题要求绘制的内容,且图面丰富,非常扣题,图中各功能结构十分合理,图面没有错误,设计手法运用娴熟,设计思想十分新颖,图纸所呈现的视觉效果十分不错
A	120~134	完成考题要求绘制的内容,且图面丰富,非常扣题,图中各功能结构十分合理,图面没有错误,设计手法运用娴熟
B	105~119	完成考题要求绘制的内容,且图面丰富,非常扣题,图中各功能结构相对比较合理,图面有少量错误,设计手法运用一般,图面效果尚可

（续）

分档	分数	卷面情况
C	90～104	完成考题要求绘制的内容，且图面丰富程度一般，但与考题基本相符，图中各功能结构较合理，图面错误之处较多，设计手法运用生疏
D	90以下	没有完成考题要求绘制的内容，且图面内容较少，与考题相悖，图中各功能结构也不合理，图面错误较多，表现效果不佳，存在词不达意和图不达意的情况

1.5.2 评分要求

理想中的高分答卷应当是卷面整洁，内容创新，且画面视觉感和色彩搭配都十分协调，所绘制的内容、版面布局等都很符合评分要求（图1-10、图1-11）。

1. 画面主次需分明

主次分明的快题图稿更能突显绘图者的设计水平。在图稿中，要能清晰表现空间布局的主次关系，包括绿化的主次对比、色彩的主次对比、道路系统的主次对比、水景的主次对比、建筑的主次对比等。此外，不同类型的建筑与不同类型的道路等都应当有所区别。例如，建筑要分为高层建筑、中层建筑和低层建筑等；道路要分为一级道路、二级道路、三级道路及小园路等。

2. 保持卷面的整洁性

为了在众多的答卷中脱颖而出，线条绘制应明确表现设计元素的轮廓特色，并分清主次；除此之外，卷面不仅要保持整洁，设计说明还需字迹清晰，且紧扣考题，并能清晰阐明设计意图和设计期望。

3. 突显思维能力

快题答卷要能表现考生强大的逻辑思维能力，要能通过对内容布局、色彩、材质、功能、透视、比例等的细致刻画，突显设计方案所带来的经济价值和现实意义。

4. 彰显设计造型能力

考生可通过在快题答卷中细致刻画建筑物的形态与周边配景来表现设计造型能力，还可通过对色彩的合理搭配来突显自身的色彩审美水平。

5. 重视细节

（1）线条。线条运用应当主次分明，不同区域的线条粗细应当有所变化，线条数量要控制好，线条和线条之间的连接也应当流畅，无明显断点。此外，快题设计中不同功能分区中的设计元素应当根据重点选择粗细不同的线条。

（2）透视感。图稿能明确表现出透视特征，能在二维平面图纸上突显设计元素的立体感，能利用透视感来丰富画面层次。同时，需要注意的是，不同方向上的光源对空间内部的透视形态也会造成影响，这些都需要清楚地表现出来。

（3）图纸设计感。图稿能够表现设计感，所绘制的内容要能够突显时代特色，要能结合现代文明和时代潮流，在色彩、质感、图面布局上突显设计的创新感。

（4）标注。标注包括文字标注、尺寸标注及设计说明。其中，设计说明要有主次之分，说明文字要能紧扣考题，字迹要清晰、美观；另外，一般尺寸标注只做简要的说明。

（5）配色。图稿配色要具备整体性和独特性，整体性在于配色方案要能营造舒适感，不同设计

高分应考快题设计表现
建筑与规划设计

元素之间的色彩能够相互融合；独特性在于所运用的色彩能够清楚地表现设计元素的材质特征和象征意义。

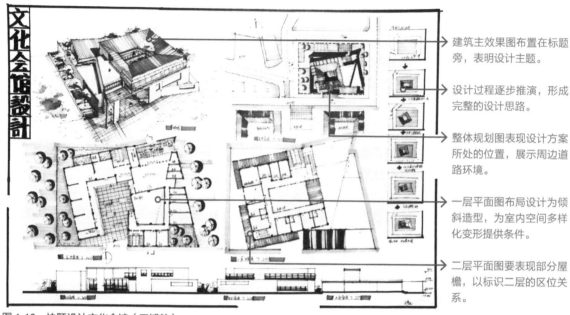

- 建筑主效果图布置在标题旁，表明设计主题。
- 设计过程逐步推演，形成完整的设计思路。
- 整体规划图表现设计方案所处的位置，展示周边道路环境。
- 一层平面图布局设计为倾斜造型，为室内空间多样化变形提供条件。
- 二层平面图要表现部分屋檐，以标识二层的区位关系。

图 1-10 快题设计文化会馆（王博航）

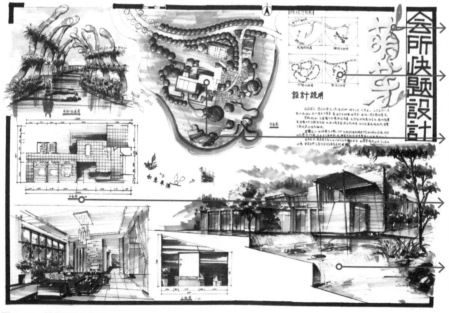

- 对部分字体进行创意设计，突出设计主题与寓意。
- 分析图占据图面面积较小，可不着色，但是不可缺少。
- 总平面规划图中对主体建筑留白，与周边丰富的绿化形成视觉对比。
- 主体建筑面积较小，应当完整绘制室内平面图与效果图。
- 建筑外部空间要表现设计特色，如小型跌水构造。

图 1-11 快题设计会所

第2章 线稿快速表现技法

学习难度：★★☆☆☆
重点概念：基本线条表现、透视原理、体块、建筑门窗、单体植物、配景、成图表现、规划表现
章节导读：线稿能限定设计内容与框架，利用线条可变特点将设计元素的轮廓、形态等生动形象地展示出来，并为图稿着色打下基础。本章介绍基本线条表现、透视原理、体块、建筑门窗、单体植物、配景等内容的绘制方法，阐明绘制线稿时应注意的相应事项。

2.1 基本线条表现

线稿绘制中会运用到的基本线条主要有直线、曲线和乱线，灵活运用这些线条能够更立体地表现设计对象的形态特征，但绘制时一定要注意用笔姿势的正确性。

2.1.1 握笔姿势

正确的握笔姿势应当是使绘图笔与纸面形成一定的夹角，绘制时应将小指置于纸面上，以小指为绘制的支撑点，以一定的角度压低笔身，再开始绘制线条。绘制不同的线条，握笔的用力点也会有所不同，绘制横线时是需要手臂跟随手部同时运动；绘制竖线时则需要利用肩部的力量来绘制。整个线条绘制的过程一定要平稳运笔，这样才能绘制出更笔直和更美观的线条（图2-1）。

a）正面握笔

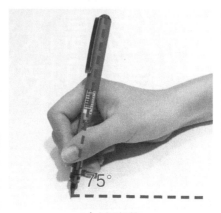

b）侧面握笔

←经过长期的基础手绘练习后，可将笔尖稍稍远离纸张一点，这样也能有效提高手绘的速度。注意运笔时要控制好下笔角度，要保证倾斜的笔头与纸张能够全部接触，正面握笔角度为45°左右，侧面握笔角度为75°左右。

图2-1 握笔方式

2.1.2 线条绘制要点

线条构成了快题设计线稿的基本框架，也能细化图稿中设计元素的轮廓与细节部位。线条绘制的好坏，对画面氛围有着很大的影响（图2-2）。

1. 长线条绘制

绘制长线条时不可连笔、代笔，也不可一笔到位，应分多段绘制，每段线段接头处应保持一定的空隙，空隙宽度一般要小于线条的粗细。长线条绘制需控制好线条的平直度，在绘制时可利用铅笔做点位标记，根据点好的标记连接线条即可，但是标记点不宜过深。

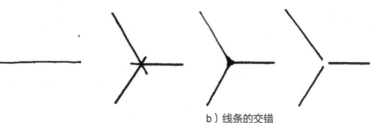

a）分点绘制长线

b）线条的交错

↑在绘制线条时要具备足够的耐心，切忌连笔、带笔，绘制长线条时也不可一笔到位，最好将其分成多段线条来拼接。

↑近处确定的构造应当交错；远处模糊的构造应当分离；既不交错，又不分离容易造成墨水淤积，污染画面。

图2-2 线条绘制

第2章 线稿快速表现技法

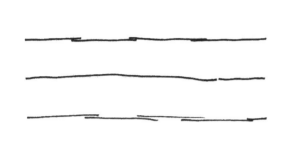

c）错误的线条　　　　　　　　　　　d）正确绘制的直线和曲线

↑绘制较长线条时要避免收尾交错或明显弯曲。　　↑当线条较长且很难控制方向时，可以分段绘制，保留短暂间隙，避免接触后造成墨水淤积。

图 2-2　线条绘制（续）

2. 虚实与光影结合

虚实与光影的存在能够极大地丰富画面视觉效果，也能使设计对象更具体积感和层次感。利用线条来表现画面中的虚实关系和光影关系时一定要注意，受光面为虚，背光面为实；转折结构线实，而纹理线虚。

3. 情感传递要正确

不同类型的线条能够表达不同的情感。例如，曲线能给人柔和感，直线能给人秩序感等。在利用线条表达不同的设计情感时一定要处理好笔触的虚实、快慢、轻重等关系。

如图 2-3 所示为线条的材质表现。

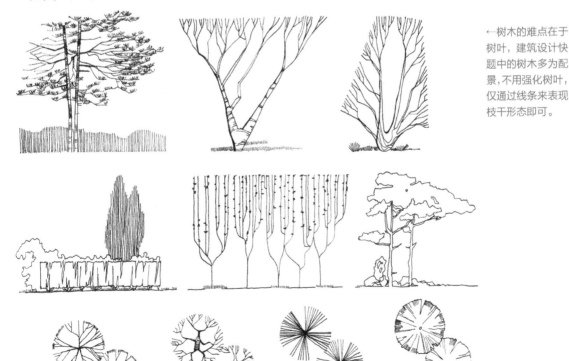

←树木的难点在于树叶，建筑设计快题中的树木多为配景，不用强化树叶，仅通过线条来表现枝干形态即可。

a）运用线条表现不同树木的轮廓特征

图 2-3　线条的材质表现

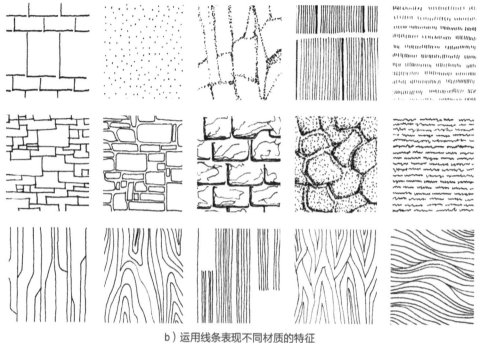

←模拟练习常见的材料纹理质感的表现,并熟记用笔方式。

b)运用线条表现不同材质的特征

图2-3　线条的材质表现（续）

2.1.3　直线

直线具体可细分为斜线、短直线、长直线等；在利用直线绘制快题设计线稿时,主要分为慢线和快线绘制,这两类直线适用于表现不同区域内的设计对象。

1. 慢线

慢线绘制要注意处理好透视和比例之间的关系,所绘制的线条要能灵活、生动地表现设计对象的特点。其一般适合绘制快题效果图中的主要对象,也可绘制处于快题设计图稿中心位置的设计对象（图2-4）。

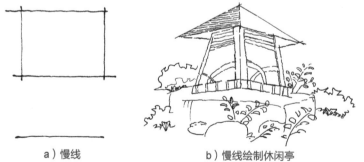

a）慢线　　　　b）慢线绘制休闲亭

←慢线绘制的速度不一定慢,在确保比例和透视正确的前提下,应避免反复修改铅笔线稿。

图2-4　慢线画法

2. 快线

快线绘制要一气呵成,利用线条变化表现设计对象的生命力和灵动性。这类线条适合绘制快题效果图中的次要对象,也可用于绘制处于快题设计图稿周边区域的配饰对象（图2-5）。

第2章 线稿快速表现技法

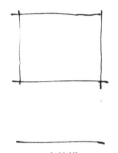

←快线绘制需要长期练习，运笔速度要快，并能保持长线条利落与平直。

a）快线　　　　　　　　b）快线绘制景观座椅

图2-5　快线画法

3. 尺规绘制直线

徒手绘制直线是目前比较常见的方式，绘制时一定要控制好运笔速度，线条的起笔和收笔要符合绘制要求，必要时也可借助尺规绘制，但不能长期依赖尺规。

如图2-6所示为徒手绘制的直线。如图2-7所示为利用尺规绘制的直线。

图2-6　徒手绘制　　　　　　　　　　　　　　图2-7　尺规绘制

↑徒手绘制速度较快，但是准确度低，主要用于表现辅助构造，如小件家具、配景植物等。

↑尺规绘制速度较慢，主要用于表现重要构造的轮廓，如空间的主体墙面、家具等。

如图2-8所示为直线的起笔与收笔。如图2-9所示为交叉直线。

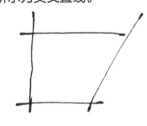

图2-8　直线的起笔与收笔　　　　　　　　　　图2-9　交叉直线

↑绘制直线时需要匀速运笔，起笔需顿挫有力，收笔需有所提顿。

↑绘制交叉线时需注意，交叉的两条线最好呈反方向延伸，这样表达的情感会更强烈。这种绘制方式也能有效避免两条交叉线的交叉点出现墨团，从而影响最终的视觉效果。

小贴士

快题设计线稿表现

快题设计线稿是表现设计思想与主题的最佳形式，主要通过视觉主题与整体视觉关系两种形式来表现。

1. 视觉主题表现。视觉主题表现是指主要通过画面跳跃度的变化来表现，绘制时可通过线条的轻重缓急形成渐变，在灰度变化中实现画面跳跃度的变化。

2. 整体视觉关系表现。整体视觉关系是指主要通过对设计元素的结构细节、整体与部分结构之间平衡感的重点表现，从而实现平衡画面整体视觉关系的目的，这种视觉上的平衡也能使快题设计图稿更具美感。

建筑与规划设计

如图 2-10 所示为多样直线练习。如图 2-11 所示为长短直线练习。

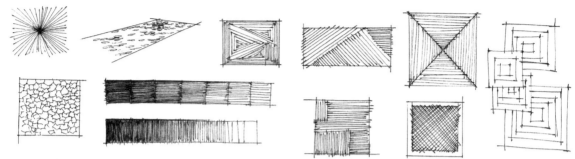

图 2-10　多样直线练习

↑绘制多个方向的直线，提升手腕对笔的操控能力。重点练习利用排列笔触来表现明暗对比关系。

图 2-11　长短直线练习

↑长线条在一定绘制区域内比较容易控制，然而频繁绘制平行的短线条容易偏离线条的主体方向。

如图 2-12 所示为直线组合绘制。

←将长、短、曲、直线条相互组合，形成叠加的明暗层次关系，能提升线稿的表现力。多次反复练习，为自己建立成熟且稳定的明暗层次表现思维。

图 2-12　直线组合绘制

2.1.4 曲线、乱线和多样线

1. 曲线
曲线一般会选用慢线绘制，所绘制的曲线要具备一定的生动性和流动性，要能突显设计对象的形态美，注意要控制好运笔和手腕之间的力量（图2-13）。

2. 乱线
乱线绘制时可利用直线和曲线之间的交叉与相融来表现线条的节奏美、韵律美、自然美。乱线比较适合表现植物的形态特征、纹理、阴影等（图2-14）。

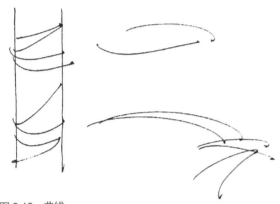

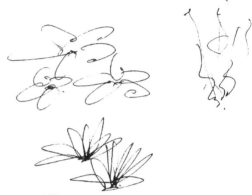

图2-13 曲线

↑曲线绘制难度较大，绘制时要根据线条长短的不同来选择不同的绘制方式，一般较长的曲线可以分成多段绘制，并要符合快题设计的具体内容。

图2-14 乱线

↑波浪线属于乱线，这类线条适用于表现植物与水波等配景，也可用于排列线条，增强画面的层次感。在绘制波浪线时要控制好波峰之间的间距，绘制所选用的线条粗细要保持一致，绘制的波浪起伏大小也应保持一致。

3. 多样线
线条表现方式多样，尤其是经过组合后的线条，可以变化出十分丰富的造型，因此，强化线条练习，对线条进行有序或无序的组合，以及锻炼手对笔的操控能力，模拟出多种造型对线条的绘制至关重要（图2-15）。

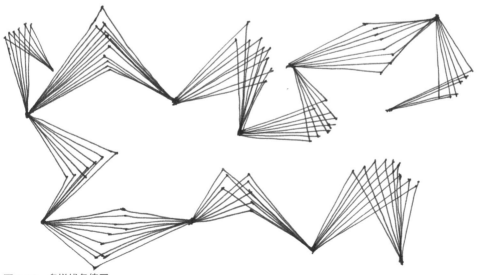

图2-15 多样线条练习

←根据建筑与规划设计专业特征，可以多练习发散性多样线，即线条一端集中在一点，向外部发散后形成转折。多用来表现建筑外墙具有透视造型的装饰线条。

2.2 透视原理

透视原理是建筑设计手绘的基础，在绘制时要明确透视的几项基本原则，即近大远小、近实远虚、近明远暗、近高远低。考生应熟练掌握这些透视原理，并长期练习。

透视原理主要包括近大远小、近实远虚、近明远暗、近高远低等。在绘制快题设计图稿之前要熟悉这些透视原理，并能将其灵活运用于图稿绘制中（图2-16、图2-17）。

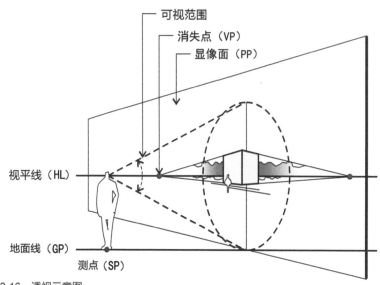

←绘制之前需明确透视中的要素：
1. 视点，指人眼睛的位置。
2. 视平线，指由视点向左右延伸的水平线。
3. 视高，指视点和站点的垂直距离。
4. 视距，指站点（视点）离画面的距离。
5. 消失点，又称为"灭点"，是空间中相互平行的透视线在画面上汇集到视平线上的交叉点。
6. 真高线，指建筑物的高度基准线。

图2-16 透视示意图

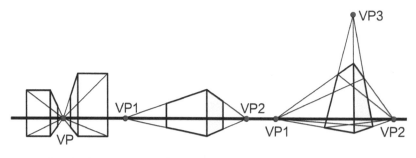

a）一点透视　　b）两点透视　　c）三点透视

↑在一点透视中，观察者与面前的空间平行，只有一个消失点，所有的线条都源自这个点，设计对象一般呈现四平八稳的状态，这种透视方式有利于表现空间的开阔感。

↑在两点透视中，观察者与面前的空间形成一定的角度，所有的线条源于两个消失点，即左消失点和右消失点，这种透视方式能够有效地突显设计对象的细节和层次。

↑三点透视一般很少使用，它的绘制特点与两点透视类似，只是观察者的观察姿态呈现后仰趋势，多用于表现高耸的建筑和内部层高较高的空间。

←根据消失点不同，可将透视分为一点透视（平行透视）、两点透视（成角透视）和三点透视。

图2-17 透视的种类

2.2.1 一点透视

一点透视是指当人正对着物体进行观察时所产生的透视范围，这种透视方式只有一个消失点，且能塑造比较强的纵深感，适用于表现对称的空间。

由于一点透视中主体观察者是面对着消失点的，因此，物体的斜线一定会延长相交于消失点，横线和竖线之间也一定是垂直且相互平行的关系。通过这种斜线相交于一点的绘制方法，能够很好地表现近大远小的视觉效果（图 2-18～图 2-21）。

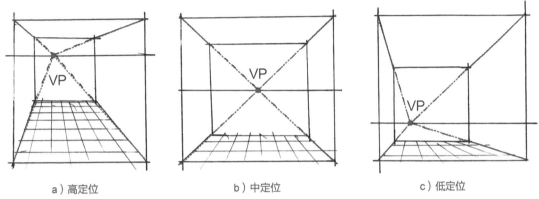

a）高定位　　　　　　　b）中定位　　　　　　　c）低定位

图 2-18　一点透视视点定位

↑如果要准确定位视点，需提前确定好视平线与消失点的位置。视平线是定位透视时必要的一条辅助线，而消失点则正好位于视平线的某个位置上，视平线的高低决定了空间视角的具体位置。一点透视的消失点在视平线上稍稍偏移画面 1/3～1/4 比较适宜，但当表现景观时，视平线则一般定位在整个画面靠下的 1/3 左右的位置比较适宜。由于一点透视的消失点理论上是位于基准面正中间的位置，但为了避免画面过于呆板，也为了增强画面的生动感和活泼感，可以根据空间的具体类型来确定透视的消失点位置。

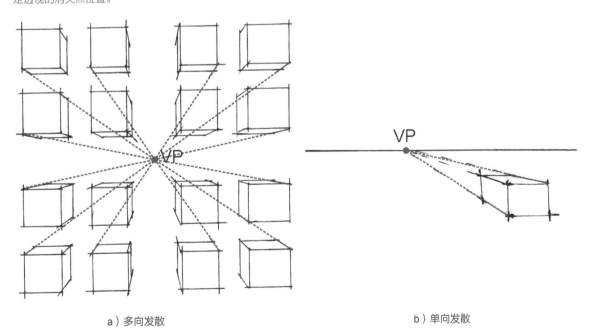

a）多向发散　　　　　　　　　　　　b）单向发散

图 2-19　一点透视练习图

↑一点透视的消失点理论上是位于基准面的中间，但是定点的位置过于正中就会显得整幅图面比较呆板，为了有效增强画面的生动感和活泼感，可以根据具体空间的类型来确定透视的消失点位置。

高分应考快题设计表现
建筑与规划设计

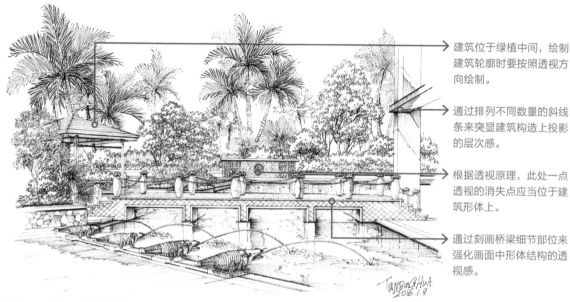

建筑位于绿植中间，绘制建筑轮廓时要按照透视方向绘制。

通过排列不同数量的斜线条来突显建筑构造上投影的层次感。

根据透视原理，此处一点透视的消失点应当位于建筑形体上。

通过刻画桥梁细节部位来强化画面中形体结构的透视感。

图 2-20　建筑一点透视图（田冰花）

地面铺装材料的轮廓线绘制应当符合透视原理，透视方向要与整体画面保持一致。

通过强化建筑物屋檐下的投影，从而实现强化建筑物体积感的目的。

通过绘制横平竖直的井字格线条来突显玻璃幕墙的形态特征。

投影同样需要强调主次，一般地面的投影层次不可超过建筑物屋檐的投影层次。

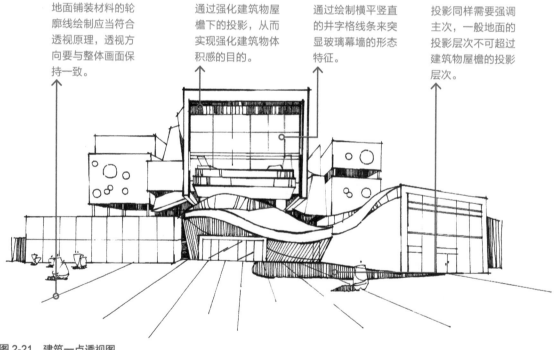

图 2-21　建筑一点透视图

考研手绘练习方法

1. 打好基础。注意线条基础练习，由于所运用的线条种类较多，绘制时要根据结构不同选用合适的线条。此外，为了更好地塑造设计元素的形体结构，还需经常练习圆的绘制。

2. 注意细节。绘制时要保持卷面的整洁，相关结构的线条绘制应当流畅且无明显断裂点。

3. 临摹优秀作品。可选择具有代表性的作品临摹，在临摹的过程中可以了解该作品的设计意图，并能在深入探讨该作品的过程中，了解其设计思维与绘制技巧。

2.2.2 两点透视

两点透视是指当观察者从设计对象的对角方向观察设计对象时所产生的透视范围，这种透视方式左右两侧的斜线比例比较合理，且分别能够相交于一点，适用范围比较广（图2-22~图2-26）。

1. 透视视角产生原因

当观察者站在设计对象正面的某个角度观察设计对象时，此时便会产生两点透视，这种两点透视的视角比较符合人的正常视角，因此使用两点透视绘制的画面会更具真实性和生动性。

2. 绘制注意事项

使用两点透视绘制快题设计图稿时需注意，两个消失点之间的距离要控制好，不可太近；要确定好真高线的位置，一般两点透视空间内的真高线为整幅画面最远处的线，绘制时真高线不可过长，大致占到整幅画面中间的1/3即可。

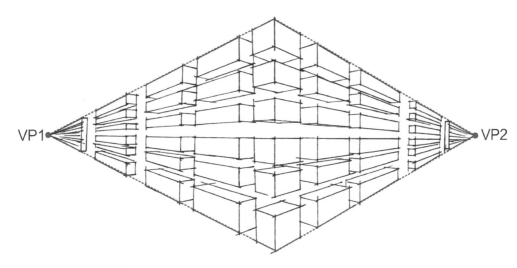

图 2-22 两点透视练习图（一）

↑两点透视的运用和掌握都比较困难，一般当人站在物体正面的某个角度看物体时，就会产生两点透视，也因此这种透视视角会更符合人的正常视角，所营造的画面感也会更具真实性和生动性。两点应当消失在地平线上，但消失点又不宜定得太近。

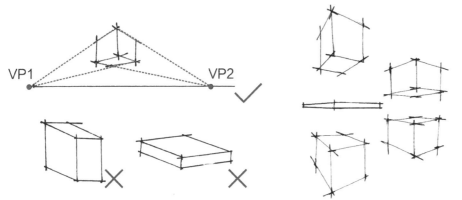

图 2-23 两点透视画法

↑两点透视要严格遵循消失点的方向，不能凭空绘制大致的方向。

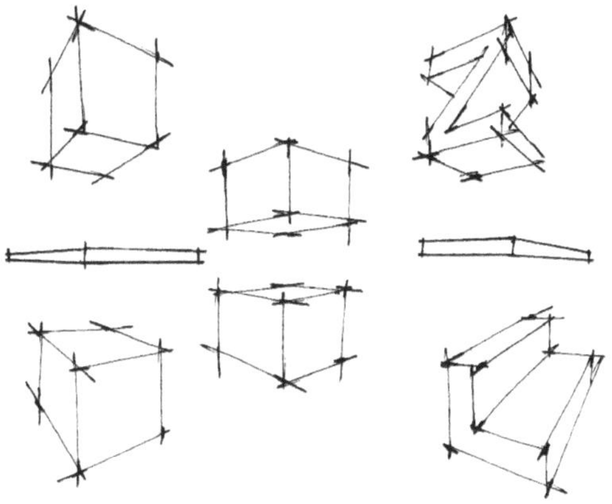

图 2-24 两点透视练习图（二）

↑两点透视要从多个角度强化练习，画面中可能出现的角度都要涉及。

建筑与规划设计

高分应考快题设计表现

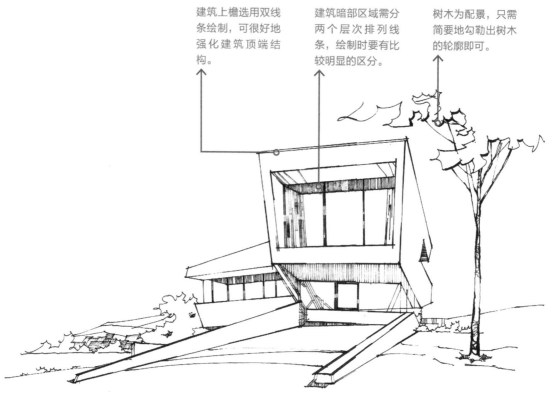

建筑上檐选用双线条绘制，可很好地强化建筑顶端结构。

建筑暗部区域需分两个层次排列线条，绘制时要有比较明显的区分。

树木为配景，只需简要地勾勒出树木的轮廓即可。

图 2-25　建筑两点透视图（一）

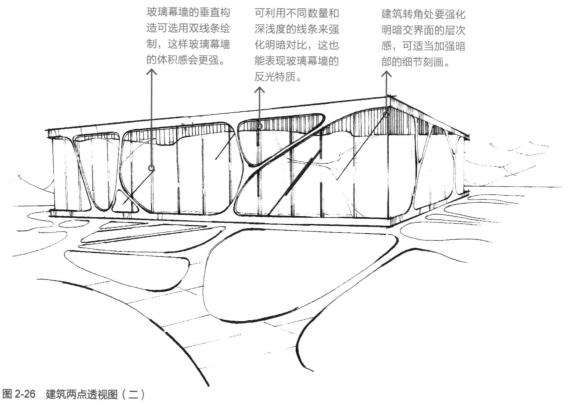

玻璃幕墙的垂直构造可选用双线条绘制，这样玻璃幕墙的体积感会更强。

可利用不同数量和深浅度的线条来强化明暗对比，这也能表现玻璃幕墙的反光特质。

建筑转角处要强化明暗交界面的层次感，可适当加强暗部的细节刻画。

图 2-26　建筑两点透视图（二）

2.2.3 三点透视

三点透视有三个消失点，这种透视方式多用于绘制超高层建筑的俯瞰图或仰视图，绘制时需注意第三个消失点必须和与画面保持垂直的主视线以及视角的二等分线保持一致。此外，要在两点透视的基础上实现三点透视的绘制，则添加的消失点应当定位于两点透视中左右两个消失点连线的上方或下方，使其呈现仰视视角或俯视视角，且最终三个消失点的连线必须能形成一个近似的等边三角形，这是非常关键的（图 2-27～图 2-31）。

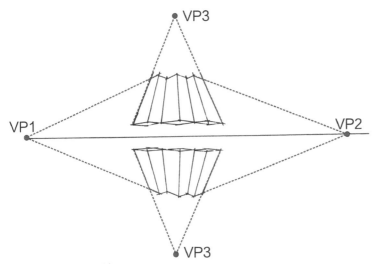

←通过在两点透视的基础上增加一个消失点的方式来实现三点透视的绘制，这个消失点可定在左右消失点连线的上方（仰视）或下方（俯视）。

图 2-27　三点透视画法

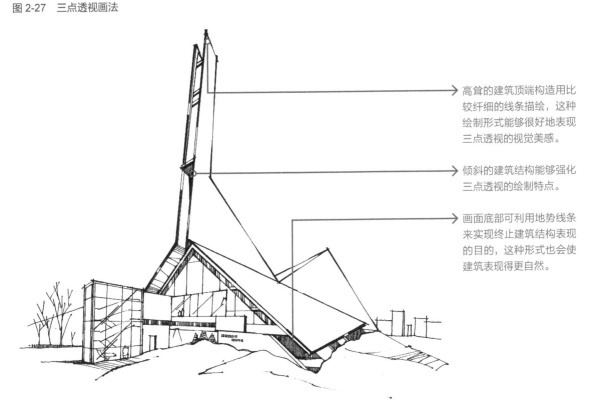

→高耸的建筑顶端构造用比较纤细的线条描绘，这种绘制形式能够很好地表现三点透视的视觉美感。

→倾斜的建筑结构能够强化三点透视的绘制特点。

→画面底部可利用地势线条来实现终止建筑结构表现的目的，这种形式也会使建筑表现得更自然。

图 2-28　建筑三点透视图（一）

高分应考快题设计表现
建筑与规划设计

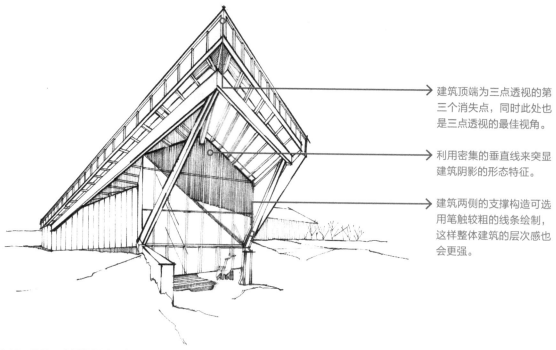

建筑顶端为三点透视的第三个消失点，同时此处也是三点透视的最佳视角。

利用密集的垂直线来突显建筑阴影的形态特征。

建筑两侧的支撑构造可选用笔触较粗的线条绘制，这样整体建筑的层次感也会更强。

图 2-29　建筑三点透视图（二）

建筑底部的绿化区选用简单的线条绘制即可。

位于画面前部的建筑应当深入刻画暗部细节。

楼梯呈向上延伸姿态，符合三点透视原理。

建筑仰视角度较小，可很好地突显其透视感和真实感。

画面底部可通过绿植的简单绘制来达到终止画面的目的。

可通过重复排列线条的形式来实现增强明暗对比的目的。

建筑外墙的材质与其他区域的材质形成鲜明的对比，画面视觉效果好。

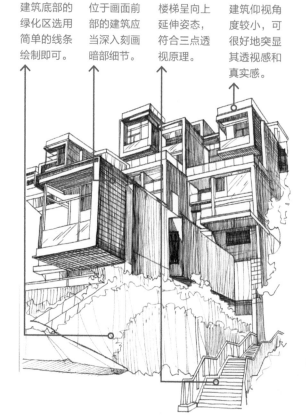

图 2-30　建筑三点透视图（三）

图 2-31　建筑三点透视图（四）

2.3 建筑线稿表现

本节将通过介绍基础几何体、建筑体块、建筑门窗、单体植物、配景、建筑成图等绘制的具体内容来阐明建筑线稿表现的具体技法。

2.3.1 基础几何体练习

几何体是组成建筑的基本要素,建筑线稿绘制运用较多的几何体有长方体、三棱柱、圆柱、正方体等,通过将几何体转换、变形,从而得到设计所需的建筑轮廓。此外,在练习绘制几何体时,重点是要处理好几何体的比例和透视问题,并能通过将不同的几何体进行交叉、分解或组合处理,从而获得新的设计灵感(图2-32)。

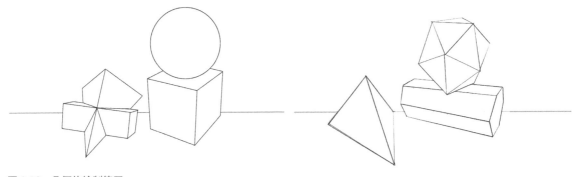

图2-32 几何体绘制练习

↑摆放一些简单的石膏几何体作为线稿练习对象,强调线条的平直度与精准度。如果没有石膏几何体,也可以用计算机图形软件绘制类似的几何形体来进行对照绘制。

2.3.2 建筑体块阴影刻画

建筑是由不同的体块演变而来的,除做好基础几何体的绘制练习外,在绘制建筑时还需能够拥有比较丰富的立体形象思维,这要求绘图者能够通过对不同体块穿插、变化的想象和细致刻画,来突显建筑的设计感。

在绘制建筑体块时还需注重光影对建筑产生的影响。一般光线不能改变建筑的形体结构,但根据光源和建筑受光面的不同,所形成的阴影大小和形状也会有所不同。绘制时要明确地表现不同受光面的色调、色差及明暗的不同,并能通过对阴影的细致刻画来塑造不同的空间情境,这种表现形式也能很好地增强建筑的体积感和生动性(图2-33~图2-35)。

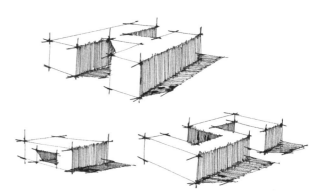

图2-33 字母造型体块

↑将英文字母立体化后所形成的体块具有建筑造型特征,这是最常见的一种造型设计方法,任何主题的建筑设计都能直接套用。强化阴影刻画能表现明确的立体空间。

高分应考快题设计表现
建筑与规划设计

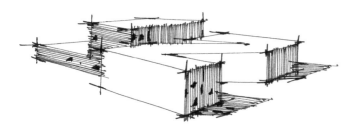

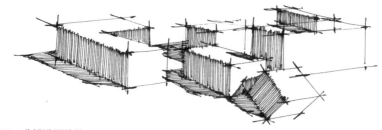

← 将完整的造型体块进行分解，形成具有组合效果的建筑体块，强化阴影后，会发现体块在分解之后，阴影会在一定光线投射角度上彼此相连，从而重新形成完整的造型。这种方式适用于群体建筑与规划设计。

图 2-34 分解造型体块

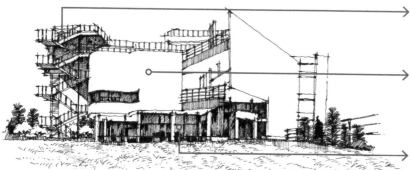

→ 楼梯结构复杂，在绘制时要能清楚地表现具体的构造特征，注意栏杆也要细致刻画。

→ 建筑有大面积的受光面，为了与暗面形成对比，绘制时可不做任何修饰，这种表现形式也能使建筑形象更醒目。

→ 选用呈垂直姿态且绘制比较密集的线条来强化画面底部的内凹体块，这种表现形式能大大增强建筑的立体感。

图 2-35 建筑体块线稿（杨雨金）

2.3.3 建筑门窗强调立体感

门窗是建筑中比较重要的一部分，门窗绘制时不仅要处理好门框以及窗框的宽度和厚度，还需细致刻画门窗的阴影，这样门窗的体积感和立体感才会更强（图 2-36、图 2-37）。

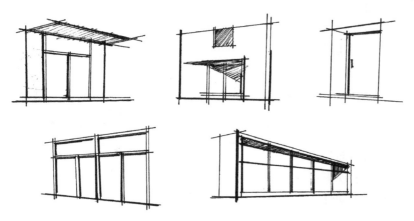

← 适当练习建筑中的门窗构造，注意门窗边角部位线条应交错绘制，以强化边角结构，并适当刻画檐下阴影。

图 2-36 建筑门窗绘制练习

图 2-37 建筑门窗线稿（杨雨金）

2.3.4 单体植物

这里主要介绍围绕在建筑周边的植物，包括乔木、灌木、花草及地被等线稿的具体绘制。

1. 乔木

绘制乔木线稿很重要的一点是要明确乔木的结构，一般包括干、枝、叶、梢、根。在具体绘制时要能清晰表现乔木的缠枝、分枝、细裂、节疤等形态特征，尤其是枝干的分枝位置应清晰表现在图纸上。此外，为了突显乔木的体积感，还需细致刻画乔木树叶，并通过描绘树木的明暗面和阴影来营造乔木的立体感（图 2-38）。

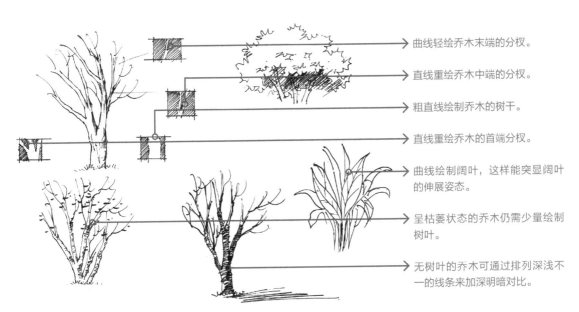

图 2-38 乔木单体线稿

2. 灌木与修剪类植物

灌木是建筑周边比较常见的植物，它的植株通常较小，且无凸出的主干。在绘制时，要注重对其形体的概括，可选用抖动线，即以曲直结合的线条来表现灌木的轮廓。此外，由于灌木有自然式和规则式两种种植方式,因此,在绘制时要根据种植方式的不同表现其虚实变化,同时注意保持灌木的自然感(图2-39)。

图2-39　灌木与修剪类植物单体线稿

↑修剪类植物造型感较强,在绘制时可用乱线来表现植物造型的变化。同时,注意强化树木明暗交界线的绘制,并使其符合"近实远虚"和"先深后浅"的绘制原则。

3. 棕榈科植物

棕榈科植物一般处于热带地区,绘制时要能表现棕榈科植物张扬的形态,要突显叶片的渐变效果和树干纹理的虚化状态。对于棕榈科植物的基本骨架和叶片形态也应当细致地刻画,一般棕榈科植物的基本骨架与其生长形态有很大的关系,叶片的形态又与基本骨架的生长规律有一定联系,这一点在绘制之前要明确(图2-40)。

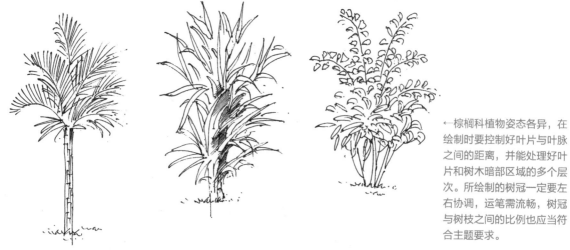

←棕榈科植物姿态各异,在绘制时要控制好叶片与叶脉之间的距离,并能处理好叶片和树木暗部区域的多个层次。所绘制的树冠一定要左右协调,运笔需流畅,树冠与树枝之间的比例也应当符合主题要求。

图2-40　棕榈科植物单体线稿

4. 花草及地被

建筑周边的花草有着不同的生长规律,一般可分为直立型花草、丛生型花草和攀缘型花草。在绘制花草及地被时要注重对轮廓及边缘的细节描绘,并明确花草及地被在画面中因所处位置不同,绘制细节也会有所不同。此外,攀缘型花草多处于花架或花坛上,绘制时要突显其趣味感,并处理好花草与建筑构造之间的遮挡关系(图2-41)。

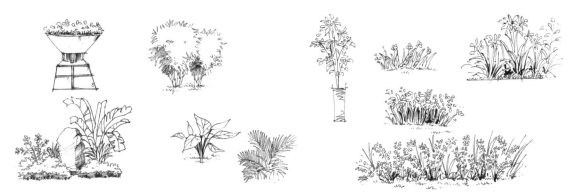

图 2-41　花草及地被单体线稿

↑花草处于画面近景中，则需细致刻画其形态；花草处于画面远景中，则只需粗略绘制其轮廓及部分叶片即可。

2.3.5　配景

这里主要介绍围绕在建筑周边的配景，包括人物、交通工具、山石、水景以及建筑小品等线稿的具体绘制。

1. 人物

人物形象一般不需具体绘制，只需描绘人物的形态，并注意处理好人物与建筑之间的比例关系即可（图 2-42）。

→可参考照片练习绘制人物线稿绘制时可省略人物的面部五官细节，精简服装上的细节。但需注意主要人物的动态与朝向，应当与建筑方位相关。

图 2-42　人物线稿

2. 交通工具

这里所指的交通工具多为汽车，在绘制时要能清晰地表现其轮廓，并注意处理好交通工具之间，以及交通工具与人之间的比例关系（图2-43）。

图2-43　交通工具线稿

↑强化交通工具的体积感，绘制的汽车造型应当具备时代感，不宜绘制较老旧或超豪华的车型。

3. 山石

山石作为配景存在，主要起到装饰建筑的作用。山石一般多成组出现且周边有绿植。在绘制时要能突显山石的体积感和质地，可以不同的力度绘制不同的线条以表现山石不同的结构形态，并以此来突显不同结构山石的硬度和质感。此外，为了表现山石的空间感，还可分面刻画山石，并注重对山石阴影的细致刻画，以及使用较为硬朗的线条绘制（图2-44）。

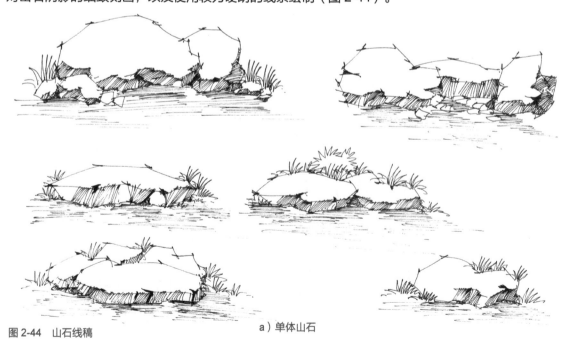

图2-44　山石线稿　　　　　　　　　a）单体山石

b) 组合山石

图 2-44 山石线稿（续）

↑绘制山石时要注重对山石明暗转折面的刻画，一般亮面线条硬朗，运笔快；暗面线条则顿挫感较强，运笔较慢，显得粗重。此外，为了深入刻画山石形象，还要注重对山石暗部虚实关系和阴影关系的处理，尤其是对暗部区域反光面的处理，并要利用不同的线条来表现山石"圆中透硬"的形态特征。

4. 水景

水景布局于建筑周边（图 2-45），同样起到装饰建筑的作用，一般可分为静态水景和动态水景，绘制时需注意以下两点。

（1）绘制静态水景要注重对倒影的刻画，营造朦胧美，因此，可适度模糊化水中的倒影，一般只表现距离水岸较近的景物的倒影即可。

（2）动态水景多为喷泉或跌水，绘制时运笔要自然，线条要洒脱，要能突显水景的动感和活泼感，以及水波涟漪、水滴四溅的景象。除此之外，动态水景绘制时，要重点突显水景的生动感和自然感，要确保水流方向和线条方向保持一致，且水面受光面可适当留白，以便突显水景的体积感。

←↓动态水景绘制要预先留好水流的位置，然后利用与水流方向一致的线条来突出水流的背光面，当确认背光面绘制无误后，便可开始具体的细节绘制，注意线条的疏密要符合绘制要求。此外，还可使用扫线表现跌水向下流的速度感和下坠感。

图 2-45 水景线稿

小贴士

快题设计高分技巧

1. 绘制内容要符合设计要求，绘制思路要清晰，绘制重点和目标定位必须明确，功能布局和空间结构必须合理化。
2. 绘制时要重视设计与场地特征之间的融合。
3. 设计的内容要具备整体性，空间中的内容要能与周边环境相呼应，要符合设计规范的基本要求。

5. 建筑小品

建筑小品的规模一般不会太大，它的造型比较别致，通常布局在建筑周边，主要有两种使用情况，一种是作为建筑环境的附属设施存在，另一种是作为装饰景观存在（图2-46）。

图2-46 建筑小品线稿

↑绘制时要注重建筑小品形态结构的塑造，要能利用比较自由的线条来细致刻画建筑小品的明暗面，并能通过建筑小品体积感的强化，实现烘托建筑的作用。

2.3.6 建筑成图线稿解析

下面将通过对办公楼建筑和艺术博物馆建筑线稿的细致解析，讲解建筑空间线稿的绘制技法。

1. 办公楼建筑线稿

（1）绘制之前应当明确主要设计对象的透视是否合理，绘制时要处理好建筑的角度和比例关系，建议选用较低的视点，这样画面视觉效果会更好。

（2）绘制时应当先使用铅笔粗略勾勒形体，强化表现透视形体较大的部位，然后再用针管笔绘制建筑的形体线和结构线。

（3）细化细节时要明确近、中、远景所包含的内容，并强调明暗关系和阴影的表现。

（4）勾勒出建筑形态的基本骨架后，可开始添加建筑结构和基本光影，注意确保透视和比例的准确性，要增强整体空间的协调性，以使建筑更具立体感。

（5）建筑元素和结构线绘制结束后，可开始调整构图，收边，以及完善建筑与周边环境的光影关系。

如图 2-47 和图 2-48 所示均为办公楼建筑线稿。

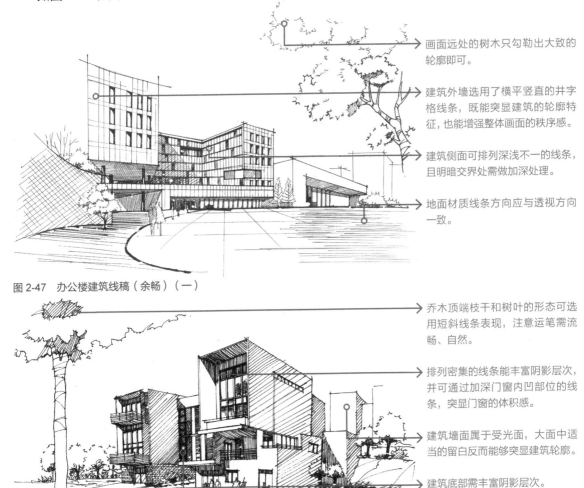

→ 画面远处的树木只勾勒出大致的轮廓即可。

→ 建筑外墙选用了横平竖直的井字格线条，既能突显建筑的轮廓特征，也能增强整体画面的秩序感。

→ 建筑侧面可排列深浅不一的线条，且明暗交界处需做加深处理。

→ 地面材质线条方向应与透视方向一致。

图 2-47 办公楼建筑线稿（余畅）（一）

→ 乔木顶端枝干和树叶的形态可选用短斜线条表现，注意运笔需流畅、自然。

→ 排列密集的线条能丰富阴影层次，并可通过加深门窗内凹部位的线条，突显门窗的体积感。

→ 建筑墙面属于受光面，大面中适当的留白反而能够突显建筑轮廓。

→ 建筑底部需丰富阴影层次。

图 2-48 办公楼建筑线稿（余畅）（二）

2. 艺术博物馆建筑线稿

（1）绘制之前要明确画面的构图形式，视平线的高度与消失点的具体位置，并通过透视原理确定好空间内框架、结构以及建筑物的高低关系。

（2）用铅笔勾勒建筑结构，确保画面整体比例和透视的正确性，并能完整地绘制主体建筑。

（3）绘制时要能分清画面中近、中、远景的位置以及其中所包含的内容，要依据近、中、远景的顺序慢慢绘制，这种绘制形式也是为了更好地表现画面的层次感和空间感。

（4）远景绘制时多选用比较简洁和概括的表现方式，近景绘制时则更注重细节的刻画，并注意构图和画面光影、虚实关系的合理性。

（5）对于建筑周边的植物绘制也应当重视，要处理好植物高低和前后的空间关系；要明确建筑物的高度和宽度，并能使整个画面处于干净、整洁的状态，画面比例、结构、透视等也都能清晰地表现在图纸上。

如图 2-49 和图 2-50 所示均为艺术博物馆建筑线稿。

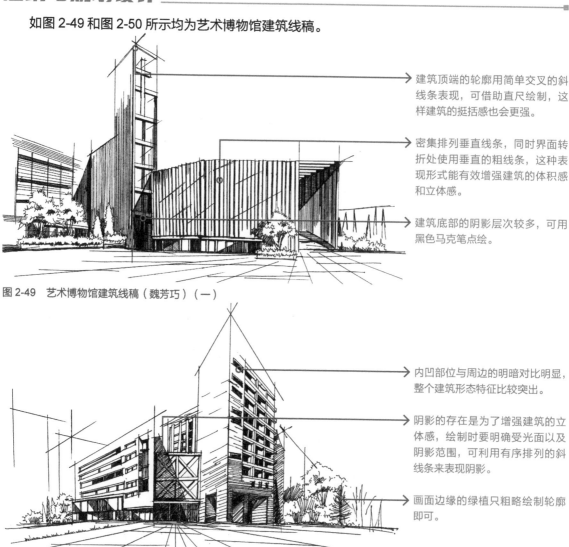

> 建筑顶端的轮廓用简单交叉的斜线条表现，可借助直尺绘制，这样建筑的挺括感也会更强。

> 密集排列垂直线条，同时界面转折处使用垂直的粗线条，这种表现形式能有效增强建筑的体积感和立体感。

> 建筑底部的阴影层次较多，可用黑色马克笔点绘。

图 2-49　艺术博物馆建筑线稿（魏芳巧）（一）

> 内凹部位与周边的明暗对比明显，整个建筑形态特征比较突出。

> 阴影的存在是为了增强建筑的立体感，绘制时要明确受光面以及阴影范围，可利用有序排列的斜线条来表现阴影。

> 画面边缘的绿植只粗略绘制轮廓即可。

图 2-50　艺术博物馆建筑线稿（魏芳巧）（二）

2.4　规划设计线稿表现

规划设计是为了妥善进行城市建设，本节将重点讲解规划设计线稿的绘制要点，并通过对规划设计线稿的细致解析，阐述规划设计的创意思维与线稿绘制技法。

2.4.1　规划设计线稿绘制要点

规划设计所含的内容较多，绘制时要有逻辑，有规律，具体绘制要点如下。

1. 规划好体块

规划设计中包含有众多的建筑物，前文已经阐明这些建筑物均由几何体衍生而来，在绘制规划线稿之前同样需要做好体块绘制的练习，以便能够更好地强化设计元素在图稿上的三维效果。

2. 选择合适的透视角度

规模较小的场景可选用一点透视或两点透视的方式表现，视高处于正常值，多为 1700mm；规模较大的场景，如商业街景，则多选用三点透视或轴测图的方式来表现，此时视点的高低要根据场景的规模大小来定。

如图 2-51 所示为规划设计立体化线稿。

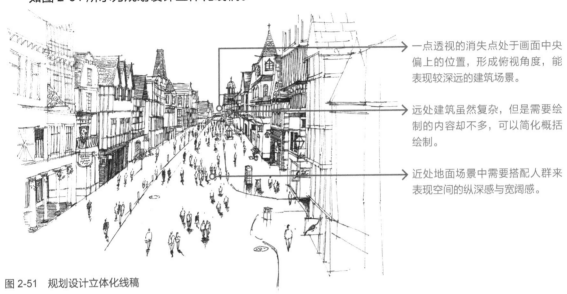

→ 一点透视的消失点处于画面中央偏上的位置，形成俯视角度，能表现较深远的建筑场景。

→ 远处建筑虽然复杂，但是需要绘制的内容却不多，可以简化概括绘制。

→ 近处地面场景中需要搭配人群来表现空间的纵深感与宽阔感。

图 2-51 规划设计立体化线稿

3. 建筑规划布局形式

（1）绘制时需明确规划建筑群体与基地间的占领、填充、关联、单边、围合等关系，在图纸中要能表现规划场地的特征、使用功能及相关技术指标等。

如图 2-52 所示为建筑群体与基地关系示意图。

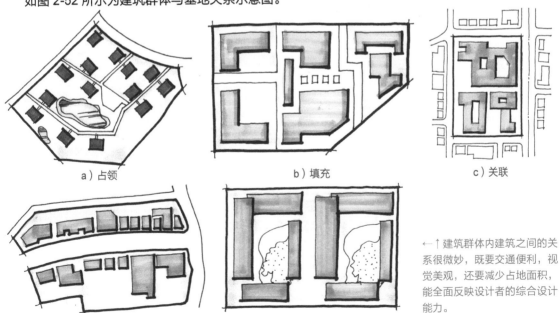

a）占领　　　b）填充　　　c）关联

d）单边　　　e）围合

←↑ 建筑群体内建筑之间的关系很微妙，既要交通便利，视觉美观，还要减少占地面积，能全面反映设计者的综合设计能力。

图 2-52 建筑群体与基地关系示意图

（2）建筑规划区内的建筑布局形式主要有群化式、综合式、环绕式、阵列式等典型的布局形式，在绘制时要根据建筑规划设计来选择合适的布局形式，并能在图纸上清楚表现各种不同的布局形式与特点。

如图2-53所示为建筑规划布局形式示意图。

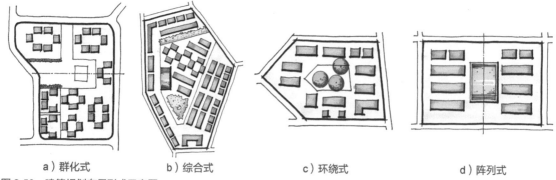

a）群化式　　　　b）综合式　　　　c）环绕式　　　　d）阵列式

图2-53　建筑规划布局形式示意图

↑明确建筑布局形式，利用线条以及对空间秩序感和协调感的把握，在图纸上营造内容丰富且运笔流畅的规划空间。

2.4.2　规划空间线稿解析

观察和赏析能够获取更多关于规划设计线稿绘制的技法，在赏析过程中能更深层次理解单体建筑与群体建筑之间比例与透视的关系（图2-54）。

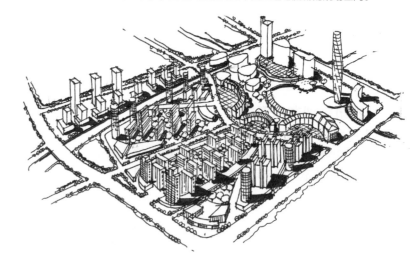

a）规划空间整体线稿

建筑的受光面与背光面要有比较明显的区别，可在墙面上排列斜线条，注意丰富阴影层次。

画面中心处的绿植形态要详细绘制，这也是为了丰富画面效果。

人物的存在是为了增强画面的真实性，并赋予画面生命力，绘制时简要勾勒人物的行为即可。

b）规划空间中部分建筑放大后线稿

图2-54　规划空间线稿

第3章 快题设计着色表现

学习难度：★★★★☆
重点概念：马克笔表现、彩色铅笔表现、建筑着色、规划设计着色
章节导读：色彩能表达绘图者的情绪，也能向外传达特定的情感，一份优秀的快题设计答卷必定有着十分和谐的色彩关系。本章通过介绍马克笔和彩色铅笔的性能，以及建筑和规划设计着色稿的具体表现技法，阐明快题设计图稿着色时的注意事项。

3.1 马克笔运用

马克笔又称为麦克笔,拥有丰富的色彩,能够满足快题设计着色稿的不同要求。由于马克笔一端为扁头,一端为尖头,因此在着色时要根据绘制部位和面积的不同选择不同的笔头。

3.1.1 马克笔表现技法

马克笔有水性和油性之分,水性马克笔的色彩鲜亮度比较高,油性马克笔则笔触比较自然,色彩也比较柔和。

1. 马克笔色卡

色卡主要用于着色和配色参考,它的存在也能帮助绘图者迅速进入着色状态。部分马克笔品牌会配有色卡,绘图者也可根据马克笔品牌的不同自制色卡。目前使用频率较高的马克笔品牌为国产 Touch3 代产品,该品牌的马克笔拥有比较丰富的色彩,全套有 168 种色彩,其灰色系中的绿灰 GG、暖灰 WG、冷灰 CG、蓝灰 BG 等能满足绘图的多种需求(图 3-1)。

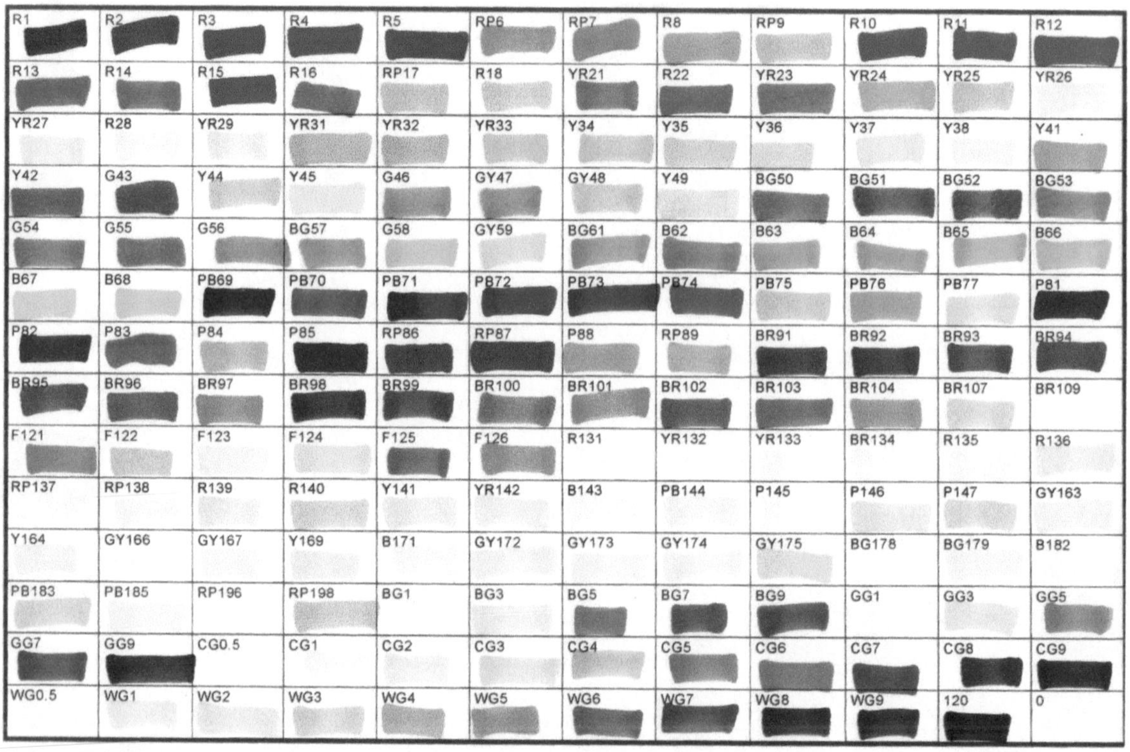

图 3-1 马克笔色卡

↑色卡具有一目了然的特点,根据色卡可以更快地选择所需的颜色。为了在限定的时间内绘制更好的着色稿,建议将色卡熟记于心。

2. 马克笔技法

马克笔常规技法主要包括直线、平移及点笔等,运用这些表现技法需要明确着色边界,起笔和收笔都要符合绘制要求,运笔不可拖沓。

马克笔特殊技法主要包括扫笔、斜笔、蹭笔、重笔、点白等,这些表现技法可用于特定的区域,绘制时要控制好运笔力度和运笔速度(表3-1)。

表3-1 马克笔表现技法

技法类型	具体表现形式	技法要点
直线		直线技法多为马克笔的侧峰绘制,比较适用于确定着色边界线,绘制时要控制好下笔力度,为了拥有更好的视觉效果,起笔和收笔时要有所停顿,并注意控制好停顿的时间
平移		平移技法适用于大面积着色,绘制时如果要形成较好的视觉效果,首先下笔要稳,且必须干净、利落,起笔和收笔要果断,笔头不可长时间停留在纸面上,否则会造成纸面积水,所绘制的线条也会出现晕墨的情况
点笔		点笔技法适用于蓬松物的绘制,也可用于不同界面之间的过渡或为大面积着色作点缀。绘制时要求马克笔的笔头能够与纸面完全贴合可根据图面情况做各种提、拖及挑等动作,一定要注意边缘线和疏密程度的合理性
扫笔		扫笔技法适用于画面边缘或过渡区着色,技法重点在于如何更有规律地运笔,在运笔时需要绘图者能快速抬笔,并能根据线条绘制情况调整运笔速度,注意收笔不应过于明显
斜笔		斜笔技法适用于三角形区域或菱形区域的着色,技法重点在于是否能够通过调整马克笔笔端的倾斜角度,获取不同的宽度和倾斜度
蹭笔		蹭笔技法适用于渐变部位和过渡部位的着色,技法要求下笔速度要快,要能形成比较干净和柔和的画面效果
重笔		重笔技法适用于表现设计对象的投影部位,一般会选用120号、WG9号、CG9号等色彩浓度较深的马克笔绘制,这种技法能够有效增强画面的层次感
点白		点白技法适用于表现设计对象受光最多、最亮的部位,也可用于表现玻璃或光滑材质等的亮面部位,一般会选用白色中性笔或涂改液来表现,前者可用于细节精确部位的点白,后者可用于大面积点白

3.1.2 马克笔应用

马克笔可用于表现各种材质的形态和纹理特征，材质不同，所呈现的色彩对比度和明暗对比度也会有所不同，一般砖石、涂料等质地较粗糙的材质可以选用比较平和的色彩和明暗度；玻璃、瓷砖及抛光石材等质地较光洁的材质则选用对比比较强烈的色彩和明暗度。

如图 3-2 所示为用马克笔表现常用材质。

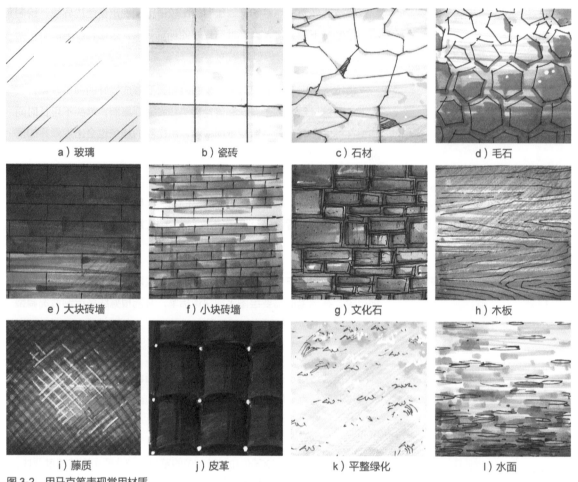

图 3-2　用马克笔表现常用材质

↑玻璃、瓷砖、石材等质地比较光洁的材质拥有对比强烈的色彩和明暗度，涂料与砖石等质地比较粗糙的材质拥有对比比较柔和的色彩和明暗度。

3.2　彩色铅笔运用

彩色铅笔是用彩色颜料制作而成的一种绘图铅笔，主要用于点缀快题设计着色稿，根据水溶性的不同可分为水溶性彩色铅笔和不溶性彩色铅笔。

3.2.1　彩色铅笔特点

一般水溶性彩色铅笔能够很好地与马克笔色彩相融，其丰富的色彩和细腻的笔触有助于更好地处理画面中的细节。彩色铅笔不仅适用于绘制画面中需要柔和过渡的区域，还可用于表现材质的纹理，但需注意选用的色彩不可过于鲜艳，也不可过于灰暗。

如图 3-3 所示为彩色铅笔笔触。

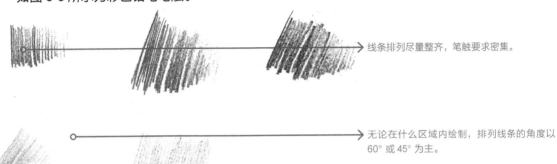

线条排列尽量整齐，笔触要求密集。

无论在什么区域内绘制，排列线条的角度以 60° 或 45° 为主。

图 3-3 彩色铅笔笔触

3.2.2 彩色铅笔表现技法

彩色铅笔常用的绘制方式有排线和平涂两种，在绘制时不仅要确保下笔力度的适度性，还要保证线条方向具备一定的规律性，即使要叠加色彩，也要控制好叠加的次数，不可过多，以免出现用色杂乱的情况。此外，由于彩色铅笔拥有较强的遮盖能力，且能够很好地突显设计对象的厚重感，因此在具体着色时可将其与马克笔搭配在一起使用（图 3-4）。

为色彩叠加与融合的过程。

水溶性彩色铅笔可通过水来过渡色彩，涂色时必须待第一次涂色层干透之后才可在纸面上加水调和，这样形成的色彩会比较柔和，透明感也会更强。

色彩之间的过渡要柔和、自然，用笔要细腻。

图 3-4 彩色铅笔表现技法

↑彩色铅笔表现要求能绘制出整齐、密集的线条组合，且能让色彩线条组合有机融合在一起，形成彩色的过渡渐变效果，提升画面的层次感。

3.3 建筑着色表现

本节将通过介绍建筑体块、建筑门窗、单体植物、配景、建筑成图等着色的具体内容来阐明建筑着色表现的具体技法。

3.3.1 建筑体块着色

建筑体块着色首先要考虑的是轮廓特征的具体表现,其次是阴影的范围与存在的位置,在做建筑体块着色练习时,必须明确光线是不能改变建筑的形体结构的,但光源方向的不同会造成建筑体块受光面和背光面的不同,从而导致形成的明暗面层次也会有所不同。

在为建筑体块着色时,要明确建筑的基础色调,要能正确地选择不同体块之间的色调关系,要根据体块面的不同,选择合适的色调、色差及明暗度,这样所绘制的建筑才能更具多样性,建筑的体积感和层次感才会更强(图3-5、图3-6)。

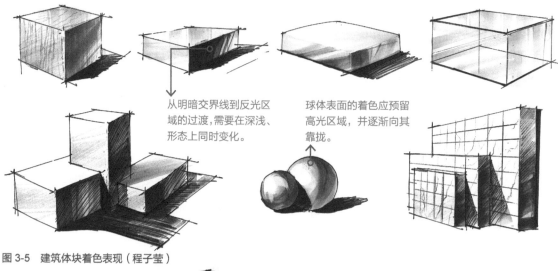

图 3-5　建筑体块着色表现(程子莹)

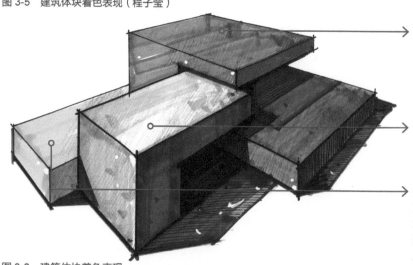

图 3-6　建筑体块着色表现

3.3.2 建筑门窗着色

建筑门窗着色既简单又复杂，绘制所选用的色彩要能清楚地表现建筑门窗材质的特色，并能根据周边环境的变化随时调整色彩的浓度。由于建筑门窗的着色比较单一，为了丰富建筑的形象特征，在着色时，可将门窗分块着色或在建筑门窗周边上色的方式来强化建筑门窗的视觉美感。

一般当建筑门窗玻璃面积较大，而周围环境较小时，可选用3~5种深浅不同的颜色来表现玻璃的材质特征；当建筑门窗玻璃面积较小，而周围环境较大时，可选用1~2种深浅不同的颜色来表现玻璃的材质特征。此外，要突显建筑玻璃门窗光滑的质感，还可通过深浅色彩的对比以及对玻璃亮部的提亮处理来强化玻璃的明暗对比（图3-7、图3-8）。

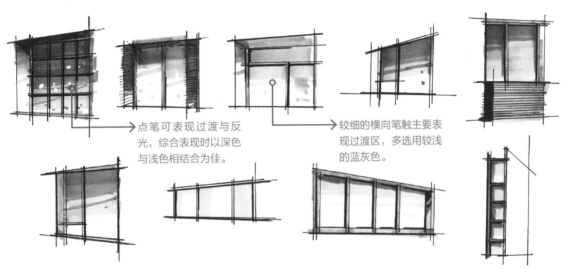

图3-7 建筑门窗单体着色表现（程子莹）（一）

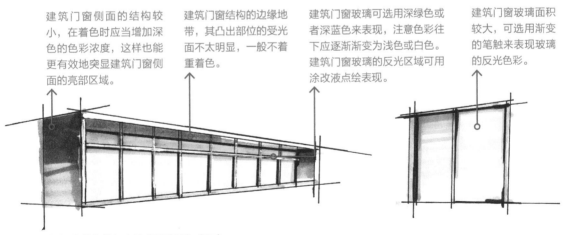

图3-8 建筑门窗单体着色表现（程子莹）（二）

3.3.3 单体植物着色

下面主要介绍乔木和灌木单体着色表现的具体内容。

1. 乔木单体着色表现

乔木植株一般较大，着色时要注重主次的营造，要能表现树冠轮廓的抖动特征，并能使其具备生动、自然的形体效果。在运用"一直二曲"的抖动线来表现乔木的形态轮廓时,要控制好运笔速度,要能准确地表现乔木的形体与结构;在为枝干着色时,要明确枝干的分枝位置,并利用节点区分。

热带乔木在着色时还要着重表现叶片的变化,要能利用色彩的过渡来突显热带乔木叶片的变化,并能根据树干纹理的不同,选择合适的色彩和笔触。此外,需要注意树干明暗关系和虚化关系要能清晰地表现出来(图3-9)。

←乔木在着色时要能清晰地表现叶片大小的变化,要注重近暖远冷的色彩搭配,要能利用深浅色彩的对比来突显乔木的体积感和层次感,并能利用点笔的方式来使画面效果更自然和更生动。

图3-9 乔木单体着色表现(程子莹)

2. 灌木单体着色表现

灌木一般成组成丛出现,植株比较矮,在着色时多选用曲直结合的抖动线来表现灌木的轮廓。建筑周边的灌木多选用绿色表现,同时为了丰富画面效果,着色时需分层次。

首先是平铺浅绿色,运笔速度要稳。然后,选用中间偏浅的绿色点绘,原浅色区域要保留。接着,选用深绿色绘制暗部,注意该绿色不可比建筑的色彩深。最后,选用彩色铅笔深化细节,并用涂改液点亮暗部,以丰富图面效果(图3-10)。

←灌木在着色时为了能区分出明暗对比面,可在灌木底部点绘少量黑色,这样能有效强化灌木的层次感。此外,当灌木面积较大时,还可选用橙色、蓝紫色或蓝绿色来表现不同品种的灌木。

图3-10 灌木单体着色表现(程子莹)

3.3.4 配景着色

下面主要介绍山石、水景、建筑小品及天空云彩等单体着色表现的具体内容。

1. 山石着色表现

建筑周边的山石有动与静和深与浅之分，在具体着色时要能利用色彩深浅的变化和笔触来突显山石材质和形态等特征；注意运笔要稳，要能表现出山石的明暗变化，并能通过阴影的塑造彰显山石的体积感和层次感。山石一般会选用冷灰色或暖灰色表现，部分山石也可选用褐色、棕黄色来表现。由于山石品种的不同，所选用的冷暖色调的深浅度也会有所变化。此外，着色时可选用短直线，这类线条能够很好地表现山石的坚硬感（图3-11）。

图3-11 山石单体着色表现（程子莹）

2. 水景着色表现

建筑周边的水景主要包括倒影、跌水、景墙及喷泉等，在着色时要能突显水体特色（图3-12）。

（1）倒影着色表现。多选用深绿色、深灰色或深蓝色来为倒影着色，在具体着色时要能明确地表现水体波纹的形态特征，并能通过色彩对比和明暗对比来突显倒影的层次感。

（2）跌水着色表现。跌水着色需表现跌水向下坠落的速度感，因此，可利用高光笔或涂改液提亮跌水亮部，以呈现水滴四溅的景象。

（3）景墙着色表现。景墙着色要能通过不同的运笔和色彩突显景墙材质的特点，同时需要注意遵循透视原理。

（4）喷泉着色表现。喷泉着色要能突显喷泉向上冲出和向下坠落的形态特征，因此，可利用高光笔或涂改液表现喷泉喷涌之后坠落的景象。

加深画面远处的水岸交接处水面的色彩，以强化投影。可以用点笔来逐步加深，同时加强绘图笔线条，让明暗对比更明显。

跌水转角处不着色，平面与立面的水体色彩要有区分。在人工景观中，如果水景造型的立面较窄，那么立面色彩应较浅，平面色彩应较深，但是区分不宜过于明显。

水面要呈现建筑与植物的色彩时，要注意辨析，选择主要的倒影物象，不宜将多种倒影色彩都表现在水面上。此处就过滤了建筑的深色，仅保留绿化植物倒影的色彩。

a）水面倒影

b）水面色彩

←对于形态较完整的喷泉，可以预先用绘图笔绘制出形态结构，再着色，如果发现绘制的形态过于生硬，可以用涂改液或白色笔适当遮挡。

c）喷泉形态

图3-12　水景单体着色表现

第3章 快题设计着色表现

3. 建筑小品着色表现

建筑小品主要起点缀作用，具体着色时要能突显构造形体的特点，明确明暗对比关系；当叠加不同的色彩时，首先应考虑建筑小品的固有色，其次才是环境色；要能通过调节细节部位的明暗对比度来强化建筑小品的体积感和真实感。

此外，要根据主次部位的不同选择不同粗细的线条，要能深入刻画建筑小品的形态特征，为了强化画面效果，先整体着浅色，再在暗面着深色。当画面不够深时，还可选用色彩较深的彩色铅笔在马克笔涂色基础上沿45°角排列线条（图3-13）。

←练习单体小品时不用考虑环境色，但需表现其质感。石料的质感除了用马克笔平涂外，还可以选用彩色铅笔进行局部覆盖，以增强石料的粗糙感。

a）单体小品

将小品组合为场景，要区分小品之间的色彩与材质，多个小品彼此之间的色彩与材质不能过于接近。

位于绿化中的小品，不宜大面积用绿色，可以选用偏紫或偏蓝的灰色，以呈现浅绿色植物的反光。

快题设计的主旨是表现建筑，但是在构图上可以将小品安排在画面前方，再搭配绿化植物与配景来烘托建筑。

b）小品场景

c）建筑与小品

图3-13 建筑小品单体着色表现

4. 天空云彩着色表现

天空云彩同样在画面中起点缀作用，主要位于树梢或建筑的上方，一般在主体对象之后绘制，着色时多选用浅紫色或浅蓝色表现。为了塑造更好的画面效果，要求天空云彩着色时能够有比较明显的明暗对比，并能有效烘托树梢或建筑的轮廓。

此外，为了平衡整个画面的色彩关系，可在马克笔涂色的基础上，再选用同色系但色彩浓度更深一些的彩色铅笔沿云彩暗部区域轮廓排列整齐的45°斜线条，笔尖细细的彩色铅笔可以很好地刻画树梢和建筑的边缘轮廓。在着色过程中，还要控制好运笔的速度，要能通过快速平推配合点笔的形式来突显天空云彩的美感和体积感（图3-14）。

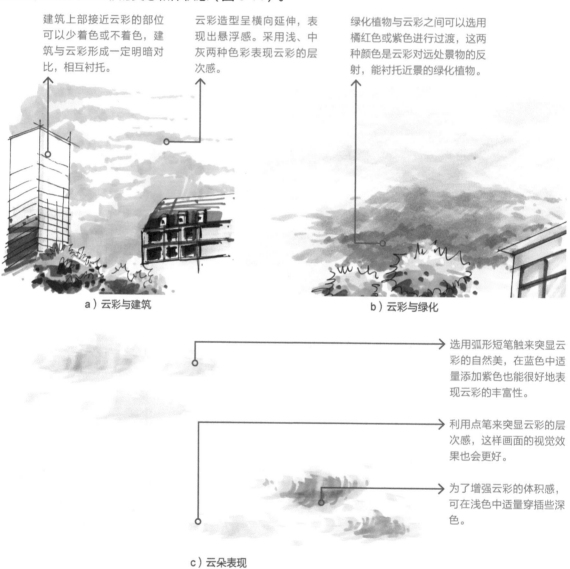

图 3-14 景观天空云彩单体着色表现

3.3.5 建筑成图着色解析

下面将通过对办公楼建筑、图书馆建筑、艺术博物馆建筑、山地游客中心建筑等着色稿赏析细致讲解建筑空间的着色技法。

1. 办公楼建筑着色

（1）在着色之前要确定好铅笔稿，要明确整体画面的透视关系和比例关系，以及建筑的透视角度和比例能够完整地展现办公楼建筑的结构形体特征，且建筑的高度和道路的宽度都符合技术要求。

（2）着色要确定基础色调，要选择最能表现办公楼建筑材质特色的色彩和笔触，且不同部位所选用的色彩能够使整体画面更具协调性。

（3）着色从颜色最深的部位入手，在为办公楼建筑表面着色时，运笔速度一定要快且稳，提笔和收笔要果断，着色线条要流畅、自然。

（4）当建筑元素和结构线都着色完毕便可为周边配景着色，注意配景色彩要与办公楼建筑主体色彩相协调，着色的收边要利落，要能使整个画面凝聚在一起。

（5）为了丰富画面效果，也为了增强办公楼建筑的体积感和立体感，在着色时要注重阴影绘制的准确性，画面的明暗关系和虚实关系要能通过色彩的深浅变化表现出来，并且通过必要的色彩冷暖对比来强化画面细节。

如图3-15和图3-16所示均为办公楼建筑着色表现。

> 主体建筑墙面运用了点笔的表现方式，能够很好地丰富建筑的视觉效果，同时远处建筑墙面的色彩浓度逐渐减弱，这种色彩的虚化处理很能表现出建筑的形体特色。

> 建筑中央的白色墙面周围有不同色彩的构造，这种表现形式能有效烘托建筑。

> 位于画面近景区域内的水面在着色时可选用深色来表现阴影效果，注意与画面整体保持协调。

图3-15 办公楼建筑着色表现（杨雨金）（一）

> 天空云彩着色时运笔需短促有力，可适量运用点笔的表现形式来丰富画面的视觉效果。

> 可通过适度加深玻璃幕墙的色彩和穿插少量紫色来丰富玻璃幕墙的视觉效果。

> 为了表现建筑的体积感，除加深此处建筑阴影的色彩外，还需使用绘图笔在马克笔涂色的基础上再次覆盖一层线条。

图3-16 办公楼建筑着色表现（杨雨金）（二）

2. 图书馆建筑着色

（1）着色之前要确定好图书馆的铅笔线稿，线稿中要明确图书馆的形体构造、整体高度、整体宽度、周边配景的基础形态等。

（2）考虑整体画面的透视关系，要能通过对色彩的灵活运用来突显建筑构造透视的变化。

（3）应先考虑设计对象的固有色，其次才是环境色，主体建筑所选用的色彩要能清晰地表现建筑材质的特点。

（4）光源方向和光照条件的不同会形成不同的受光面和背光面，阴影的形状和大小也会有所不同。在具体着色过程中，要通过色彩深浅度的变化来突显主体建筑的明暗对比关系。

（5）图书馆按照近、中、远景的顺序着色，可根据涂色面积大小或个人习惯着色，注意着色时要处理好周边配景与建筑色彩之间的比例关系。涂色需整洁，不可出现过多杂色；可穿插使用点笔、扫笔等技法来突显出建筑的设计特征。

如图 3-17 所示为图书馆建筑着色表现。

图 3-17　图书馆建筑着色表现（程子莹）

3. 艺术博物馆建筑着色

（1）着色之前要确定艺术博物馆的构图和透视都没有任何问题，画面中各设计元素绘制都十分具体，近、中、远景内的细节部位也做了比较细致的刻画。

（2）初始铺色之前，要明确艺术博物馆的主色调，应当先为用色最深的区域着色，再为建筑其他区域和周边配景着色。

（3）着色时要控制好运笔的速度和力度，要绘制比较自然和流畅的着色线条，主建筑表面色彩和次要配景色彩的比例也要控制好。

（4）着色时还需从近景往中景和远景区域慢慢推进，要利用色彩的变化来强化整体画面的层次感，并能通过对建筑屋檐下方阴影的细致刻画来突显建筑的体积感和空间感。

（5）为了整个画面的协调性，一般远景简单着色即可，近景区域的着色则需明确地表现建筑或配景的轮廓特点，并能处理好画面的虚实关系以及建筑物与周边配景之间的体量关系。

如图3-18和图3-19均为艺术博物馆建筑着色表现。

天空云彩成团状，选用浓度不同的蓝色和紫色表现，并使用点笔和摆笔等技法，能很好地丰富画面效果。

建筑外墙的受光面可选用斜线条来表现光照方向。

建筑可选用竖向线条来表现木质墙面的特点。

图3-18 艺术博物馆建筑着色表现（杨雨金）（一）

天空云彩选用浅色来表现，为了使着色更自然和流畅，可在马克笔中注入少量的酒精或使用酒精笔头的马克笔。

树木选用多种不同深度的绿色叠加表现，注意还需适量留出浅色的着色空间。

建筑的阴影和玻璃的反光要重点表现，可适当丰富其他色彩层次。

地面草坪可用深色表现，挑笔的技法更能表现树荫的特点。

图3-19 艺术博物馆建筑着色表现（杨雨金）（二）

> **不同工具的绘图特点**
>
> 彩色铅笔色彩比较丰富，所绘制的线条具有表现性，画风也会更具自由性和飘逸感，适用于绘制曲线较多的部位；针管笔绘制的线条比较硬朗，多用于表现结构比较清晰、明确且细节比较丰富的部位；圆珠笔则软硬兼具，适用于绘制各种风格和各种形态的结构，但圆珠笔笔墨会和马克笔笔墨发生反应，因此使用圆珠笔绘制线稿后不可用马克笔着色。

4. 山地游客中心建筑着色

（1）着色之前要明确空间框架、空间结构、山地游客中心建筑物的高度关系，找准整幅画面的构图节奏关系，视平线的高度和消失点的位置均应符合绘制要求。

（2）着色要能突显建筑的体积感，即通过对建筑明、暗面的细致刻画来强化建筑的体积感和立体感。

（3）着色时要注重阴影和建筑表面材质的刻画，要明确建筑的主色调和次色调，周边配景的色彩浓度不宜过深，不能喧宾夺主，也不能与建筑的色调相矛盾。

（4）为了丰富整幅画面的视觉效果，除用马克笔着色外，还可在马克笔涂色表面再次覆盖一层彩色铅笔线条，最好选择水溶性彩色铅笔，这样画面色彩的协调度会更高。

（5）整幅画面还要保持干净、整洁的状态，不可超出着色范围，画面着色纯度要高，但不可过于突出，建筑与周边配景的色彩比例与色彩对比要能清晰地展现在图纸上。

如图 3-20 和图 3-21 均为山地游客中心建筑着色表现。

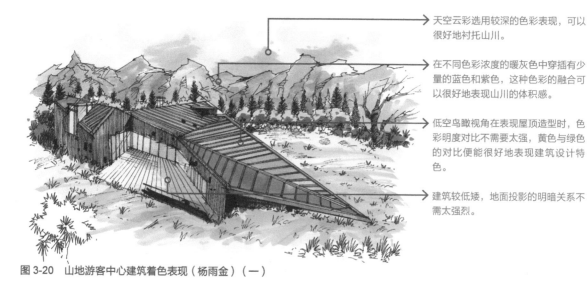

图 3-20　山地游客中心建筑着色表现（杨雨金）（一）

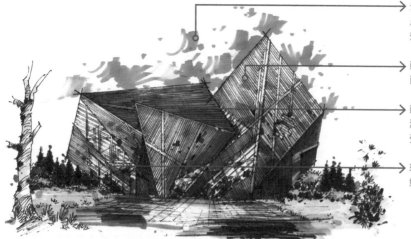

图 3-21　山地游客中心建筑着色表现（杨雨金）（二）

5. 其他建筑着色

除了上述具有代表性的建筑，其他建筑的着色方法基本一致，即从主体建筑开始着色，深入刻画建筑自身的光影变化，通过绿化与天空环境来衬托，保持统一的色彩基调（图3-22～图3-30）。

→ 天空云彩选用两种不同深度的蓝色表现，层次感比较强，点笔的表现技法也能很好地丰富画面效果。

→ 建筑墙面较窄，选用竖向运笔的方式来表现。

→ 建筑墙面较宽，可借助直尺绘制其线条。同时，注意要表现出光照的角度。

→ 山石位于画面底部，着色时要注重深化暗部区域，可用涂改液点涂山石边缘处，以突显石的体积感。

图3-22 建筑着色表现（杨雨金）（一）

→ 天空除使用马克笔着色外，还在其局部排列有彩色铅笔线条，这种表现形式能有效增强天空的层次感。

→ 建筑侧面选用冷灰色平涂表现即可，注意保持渐变的视觉效果。

→ 建筑的受光面选用浅红色表现，能够突显建筑的固有色，也能与建筑暗部区域的色彩形成冷暖对比。

→ 画面近处的草地选用了多种深度不同的绿色来表现，层次感较强。

图3-23 建筑着色表现（杨雨金）（二）

→ 建筑屋檐下的阴影选用明度适中的蓝紫色覆盖，并适度露出阳光直射的受光区域，表现出建筑真实自然的屋檐转角造型。

→ 建筑中深色墙面除了覆盖深色，还需要采用横向线条强化。

→ 灌木与乔木交界处采用绘图笔排列密集斜线来强化前后植物的层次关系。

→ 地面前景草坪可用多种浅色混合表现，并用排列整齐的笔触丰富明暗层次。

图3-24 建筑着色表现（杨雨金）（三）

高分应考快题设计表现
建筑与规划设计

为了增强云彩的层次感,可在马克笔涂色的基础上适量增加一层彩色铅笔线条。

建筑边框结构选用冷灰色来表现,可以很好地突显建筑的体积感。

建筑墙面平铺横向线条,并适量使用点笔,画面视觉效果较强。

入口处于一点透视消失点的中心部位,所选用的色彩对比要足够强烈。

图 3-25　建筑着色表现(杨雨金)(四)

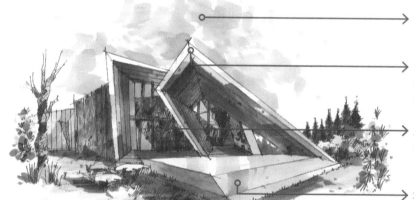

云彩运笔自由,点笔与挑笔的交叉使用能够很好地增强画面效果。

建筑尖端可适度留白,这种表现形式能够与天空云彩形成很好的衬托关系。

入口处选用的色彩较深,这种不同浓度的深色可以很好地表现入口处的反光差异。

地面台阶可选用短笔触来表现石材地面的阴影与反光。

图 3-26　建筑着色表现(杨雨金)(五)

位于前部的建筑在着色时要表现建筑构造的特色,并注意整体画面的协调性。

玻璃上的投影要根据建筑的形状而定,此处为倾斜状。

灌木植株比较矮,可选用多种不同的色彩来表现。

画面边缘区域在着色时,运笔可比较随意,但大致的方向不可出现错误。

图 3-27　建筑着色表现(周浪)

第3章 快题设计着色表现

选用点笔与挑笔来表现天空云彩,这种运笔技法与地面绿化的用笔技法一致。

建筑屋檐顶部内侧选用了深色来表现,能够很好地强化建筑的明暗层次。

近处绿植的亮面部位可适当留白,着色时要注意不可遮挡住后部建筑的轮廓线。

地面上的树木阴影可选用多种不同浓度的深色来表现,这样画面构图会更和谐。

图 3-28　建筑着色表现(杨雨金)(六)

天空云彩选用浅蓝色表现,着色时运笔速度要快。为了与建筑质感协调,还可在马克笔涂色的基础上再次覆盖一层彩色铅笔线条。

画面远处的树木除浅涂绿色外,还可在其边缘部位点涂涂改液,这样也能与天空相呼应。

复杂的建筑结构简单着色即可,但需注意分区着色,选用的色彩需统一,这样建筑的体积感才会更突出。

画面近处的水面要突显树木投影的特点,可用深色表现。

图 3-29　建筑着色表现(石骐华)

建筑的色彩较深,天空选用较浅的蓝色,两者可以形成鲜明的对比。

墙面选用了偏暖色的竖向着色线条,同时在竖向线条的基础上用深色适量点笔,这种表现形式能够很好地增强建筑的层次感,画面效果也比较好。

运用斜笔的运笔方式来表现玻璃的反光效果,着色选用偏冷的蓝色即可。

地面着色以暖灰色为主,并沿着地面铺装材料的轮廓分区着色。

图 3-30　建筑着色表现(杨雨金)(七)

067

3.4 规划设计着色表现

规划设计是一项比较复杂的设计，着色时更要主次分明，色彩与色彩之间要能相互融合，且运笔不能凌乱，画面视觉感要好。

3.4.1 规划设计着色技法要点

（1）做好基础体块着色练习，所绘制的规划设计线稿要符合要求，画面中设计元素的比例以及彼此之间的透视关系均应达到绘制要求。

（2）根据规划设计的设计理念选择合适的色彩，且着色时要能控制好下笔时的力度，应确保即使叠加不同笔触，色彩之间也能相互融合。

（3）通过对深色和浅色的灵活运用来表现设计元素的明暗关系和虚实关系，并能通过对光源方向的判断，巧用点白的方式表现设计元素的受光面和背光面。

（4）在为规划设计平面图着色时要掌握如何进行整体着色，如何为单个设计元素和单组设计元素着色以及如何为画面中心处的设计元素着色，并能在着色的过程中分清主次色调。

（5）规划设计平面图中的绿植在着色时要遵循一定的顺序，应由小及大，分层次地着色。对于地面草皮区域，可根据实际情况做适当的点白处理，以突显草皮的亮部区域；对于水面区域，则可选用平涂的方式着色，一般选用不同色彩浓度的蓝色便可表现水面的特征。

如图 3-31 所示为规划设计着色表现。

→建筑规划着色要表现空间的纵深感。近处建筑应细致刻画，并采用多种色彩交替叠加，强调明暗层次。远处建筑简要描绘，将绿化、天空的色彩适当叠加，以强调建筑与环境的整体性。

图 3-31 规划设计着色表现（一）

3.4.2 规划设计着色稿解析

通过对规划设计着色稿的分析,可以获取更多的着色经验和设计经验,这对于后期规划设计快题图稿的绘制也很有帮助(图 3-32 ~ 图 3-35)。

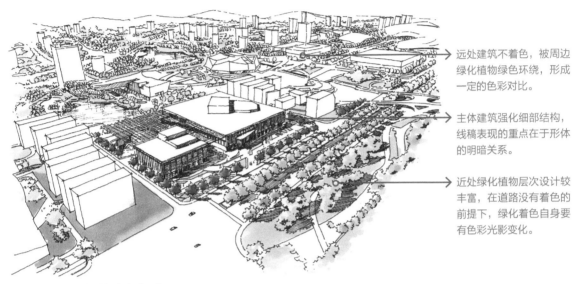

> 远处建筑不着色,被周边绿化植物绿色环绕,形成一定的色彩对比。

> 主体建筑强化细部结构,线稿表现的重点在于形体的明暗关系。

> 近处绿化植物层次设计较丰富,在道路没有着色的前提下,绿化着色自身要有色彩光影变化。

图 3-32 规划设计着色表现(二)

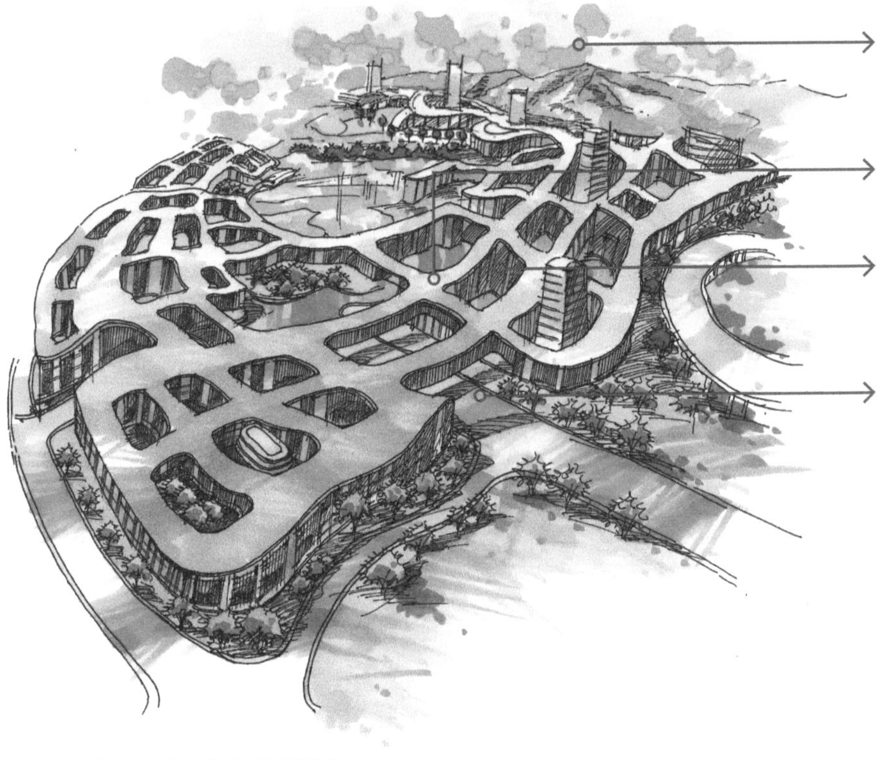

> 在水性马克笔中注入少许酒精,就能绘制出团点状云彩。

> 建筑顶部色彩较深的部位,形成连贯整体着色。

> 建筑侧面均为背光,色彩变化较少,但是也能区分建筑墙面的转折关系。

> 大纵深规划场景地面着色要注重深浅过渡变化,形成明——暗——明——暗等具有规律的变化。

图 3-33 规划设计着色表现(杨雨金)

建筑与规划设计

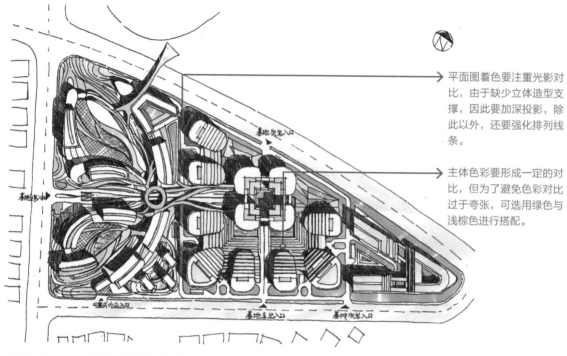

图 3-34 规划设计平面图着色表现（一）

> 平面图着色要注重光影对比，由于缺少立体造型支撑，因此要加深投影，除此以外，还要强化排列线条。

> 主体色彩要形成一定的对比，但为了避免色彩对比过于夸张，可选用绿色与浅棕色进行搭配。

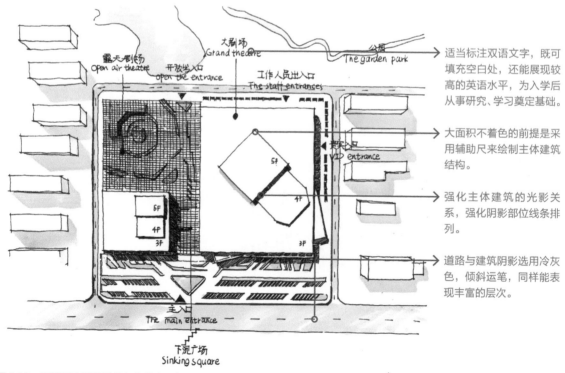

图 3-35 规划设计平面图着色表现（二）

> 适当标注双语文字，既可填充空白处，还能展现较高的英语水平，为入学后从事研究、学习奠定基础。

> 大面积不着色的前提是采用辅助尺来绘制主体建筑结构。

> 强化主体建筑的光影关系，强化阴影部位线条排列。

> 道路与建筑阴影选用冷灰色，倾斜运笔，同样能表现丰富的层次。

第4章 文字思维导图设计

学习难度：★★★☆☆

重点概念： 标题文字、思维导图、设计说明

章节导读： 文字在快题设计图稿中具有一定的指导含义，它能有效地传递设计信息，同时文字与快题设计图稿中的效果图及平面图等还需高度匹配，不可出现词不达意或图不达意的现象。本章主要介绍标题文字书写、思维导图绘制、设计说明书写等内容，以此明确文字书写在快题设计中的重要性。

4.1 标题文字

> 标题文字一般为短语，能够言简意赅地表达设计意图，通常处于比较明显的位置，且字符大小要大于其他设计类文字。

标题文字（图4-1～图4-5）是快题设计图稿不可或缺的一部分，在具体书写时要注意以下五点。

1. 书写要求
标题文字书写首先要求字迹清晰、整齐，其次是文字要具有美感和设计感，要能平衡画面，并能有效丰富画面的视觉效果，可选用黑体、POP字体或其他艺术体等来书写标题文字。

2. 文字大小
标题文字的字号要适中，不可占据过多的版面，也不可过小，否则都会影响整个画面的构图。

3. 标题内容
标题文字的内容要切合设计主题，可以直接点明设计概念，也可选用富有文学韵味的短语来间接性地说明设计主题。

4. 标题色彩
标题文字的色彩不可过于鲜艳，要能与整体画面的基本色调相互协调，主副标题的色彩可以不一致。

5. 标题位置
将标题文字置于快题设计图稿的左上角区域或右上角区域，根据图稿内容不同还可置于设计图稿的右下角区域，但是注意控制画面平衡。

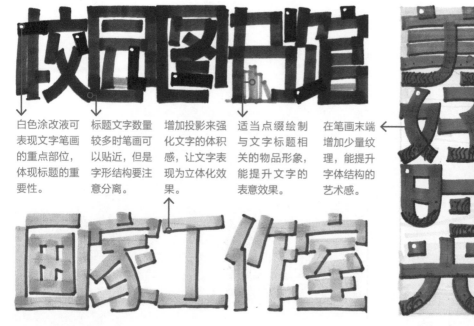

图 4-1　标题文字解析（一）

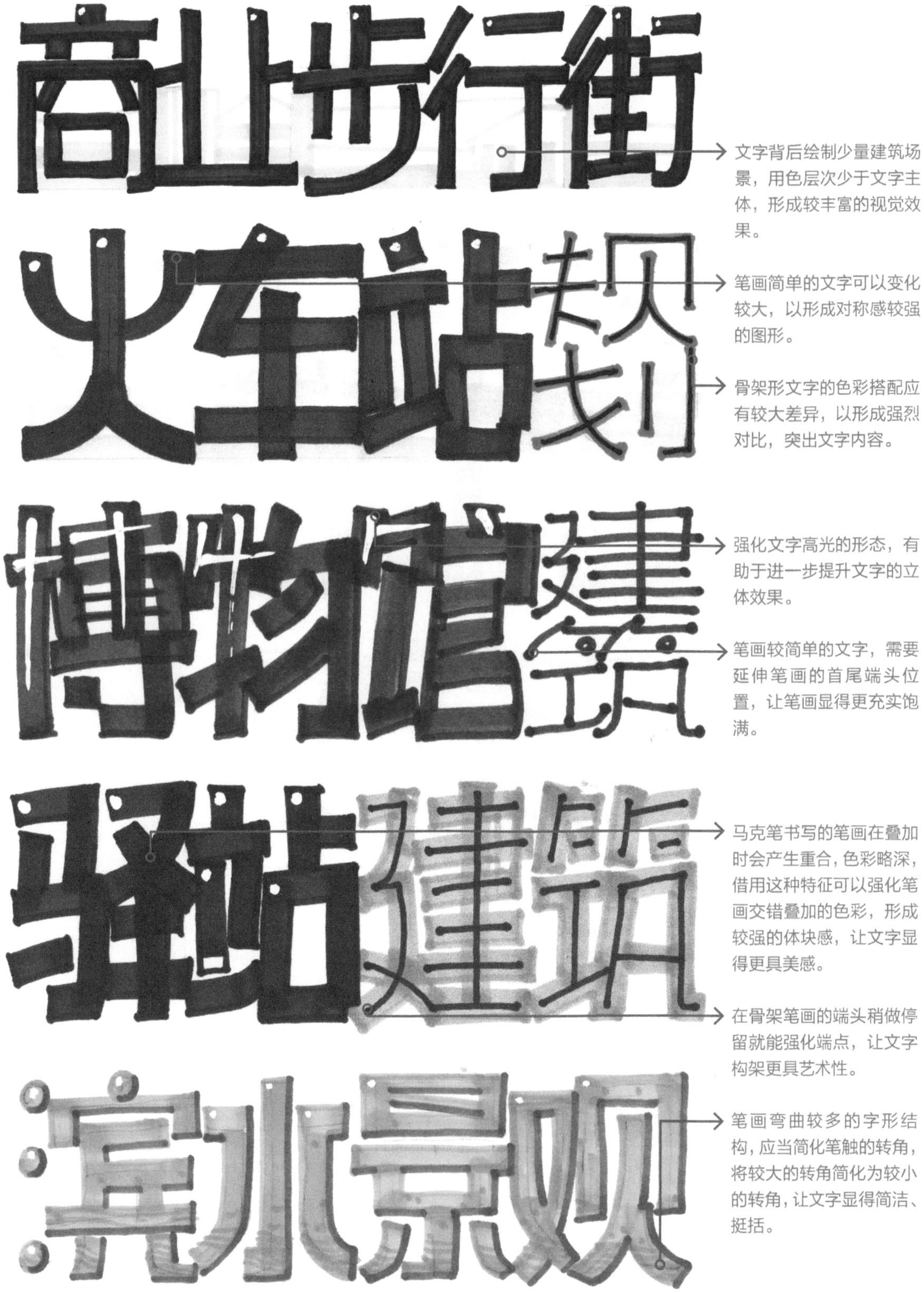

第4章 文字思维导图设计

文字背后绘制少量建筑场景，用色层次少于文字主体，形成较丰富的视觉效果。

笔画简单的文字可以变化较大，以形成对称感较强的图形。

骨架形文字的色彩搭配应有较大差异，以形成强烈对比，突出文字内容。

强化文字高光的形态，有助于进一步提升文字的立体效果。

笔画较简单的文字，需要延伸笔画的首尾端头位置，让笔画显得更充实饱满。

马克笔书写的笔画在叠加时会产生重合，色彩略深，借用这种特征可以强化笔画交错叠加的色彩，形成较强的体块感，让文字显得更具美感。

在骨架笔画的端头稍做停留就能强化端点，让文字构架更具艺术性。

笔画弯曲较多的字形结构，应当简化笔触的转角，将较大的转角简化为较小的转角，让文字显得简洁、挺括。

图 4-2　标题文字解析（二）

高分应考快题设计表现
建筑与规划设计

在笔画环绕的结构中填涂色彩，形成封闭感，能提升文字的艺术性，适用于结构简单且形态较大的文字。

短弧线纹理能营造复古风格，与棕色相搭配，使标题文字显得更具中式韵味。

将文字紧凑排列，让笔画相互叠加压制，营造较强的集中感，适合笔画较粗的字形。注意叠加的分界线采用白色笔或涂改液区分。

如果字形结构特别简单，应当拉伸部分笔画，让字形结构显得饱满充实，但是也要注意避免造成字体变形，导致无法正确识读。

当字形结构与笔画密度适中时，可以拉开笔画之间的间距，填充色彩强化背景，突出标题文字特色。

在字体设计中可以简化部分文字中的部分笔画，让文字变为图形符号，形成较强的装饰感。

为强化文字的体积感可增强对单侧投影的刻画，同时在笔画中预留飞白痕迹，表现高光与体积感。

适当增加断续的边框能加强文字的整体感。

图 4-3　标题文字解析（三）

第4章 文字思维导图设计

较粗的笔触主要用于字形结构的扩展，主体文字的骨架结构应清晰明朗，文字书写与图形表意相互关联，形成完整的图示化标题文字。

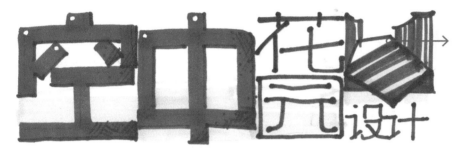

绘制简单的图形来填充画面空白处，图形与文字应有一定关联。

绘制简单的陶艺器具作为文字标题的填充，在图形底部填充色彩来强化图形的美感。

横划较粗，竖划较细，适用于横划较少的文字结构，整体文字可以向一个方向略微倾斜，以展现出动态效果。

适当搭配英文或其他语言，用于强化表意，但是内容不宜过多，同时应注意避免拼写错误。

在文字底部画线是对文字标题内容的强化，但画线的色彩不宜过深。

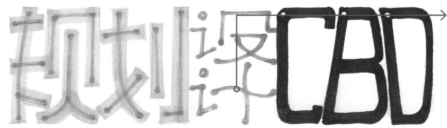

对局部文字笔画进行变形处理，多由直线变为曲线，且曲线富有规律，可形成较强的动态效果。

图4-4 标题文字解析（四）

在笔画间填充色块来提升文字的体积感，同时能矫正局部笔画表现不均衡的瑕疵。

单一的 POP 字体会显得过于轻松化，对快题设计的表意不够严谨，此时，应当强化笔画之间的平行与垂直关系，让文字更具美感。

在具有缺口的文字结构中，要注意笔画的收缩，刻意将缺口加大，形成空白，留有余地，这样反而能提升整体文字的可识读性。

英文字体底部增加色块，用来强化文字的体积感。

图 4-5　标题文字解析（五）

4.2　思维导图

思维导图在快题设计图稿中主要起到引导分析的作用，绘制比较简单，能够很好地表现设计思维，绘制时可通过关键词或中心设计思想来发散思维，联想到一切与设计主题有关的东西。

在绘制思维导图时要有严谨的态度，要明白图文合并与图文高度契合的重要性，并能通过关键词、图像、色彩等建立具有记忆点的结构图。思维导图具有一定的指向性，它不仅能够表达设计重点，也能细化设计内容，对于构建与设计相关的结构框架也很有帮助。

　　绘制思维导图要明确所绘制的内容应具备可读性和美观性，所选用的图像或短语等能够清晰地传达设计意图。思维导图绘制可选用不同的色彩，这些色彩可以与效果图中的色彩相近，也可互为补色，但所选用的色彩一定要相互协调，并且，说明文字的引线色彩要能与图像色彩相搭配，以及注意控制好思维导图在设计图稿中的比例（图4-6）。

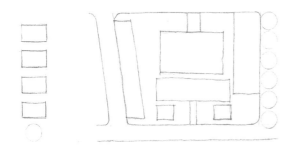

a）步骤一：绘制框架

↑基础框架绘制要注重轮廓的完整性。

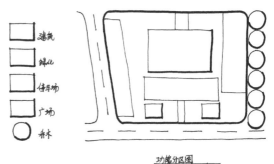

b）步骤二：完善线稿

↑完善框架内部内容，并添加说明文字。

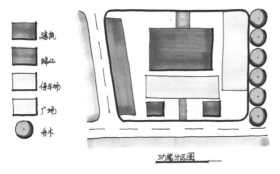

c）步骤三：基础着色

↑基础着色要注重色彩是否搭配和不同色彩在图稿中所占的比例。

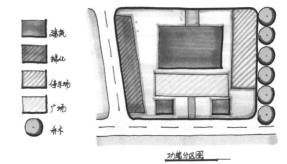

d）步骤四：刻画细节并完善

↑为了区分不同的绿植，可在马克笔涂色表面再覆盖一层倾斜的彩色铅笔线条或选用细笔触的马克笔再绘制一层斜线条。

图4-6　思维导图的绘制步骤

4.2.1　气泡图

　　气泡图（图4-7）可具体地分析设计内容，也可概括性地表现设计布局，常见的气泡图包括区域分析图、建筑功能分区图、绿化景观分区图、功能分析图等。

　　气泡图的表述最直观。在快题设计中，首先将思考到的设计元素列出，然后将文字信息转换为图形信息，接着将图形信息绘制出来，最后简单着色，指出设计重点。气泡图主要用于表现建筑规划设计中的区域划分，将建筑中的不同楼栋与区域设定在气泡区域中，气泡与气泡之间可以彼此相连、相接、交错。但是明确的划分界限和功能区分，也是气泡图表现建筑与规划设计的关键核心。

　　气泡图中的气泡造型不局限于圆形，还可以是方形、矩形或多边形等。大多数快题设计的时间有限，设计者习惯绘制为圆形或椭圆形，多个气泡之间就会形成较大间隙，影响建筑与规划设计的功能联系，因此可以根据设计要求来改变气泡的形态。

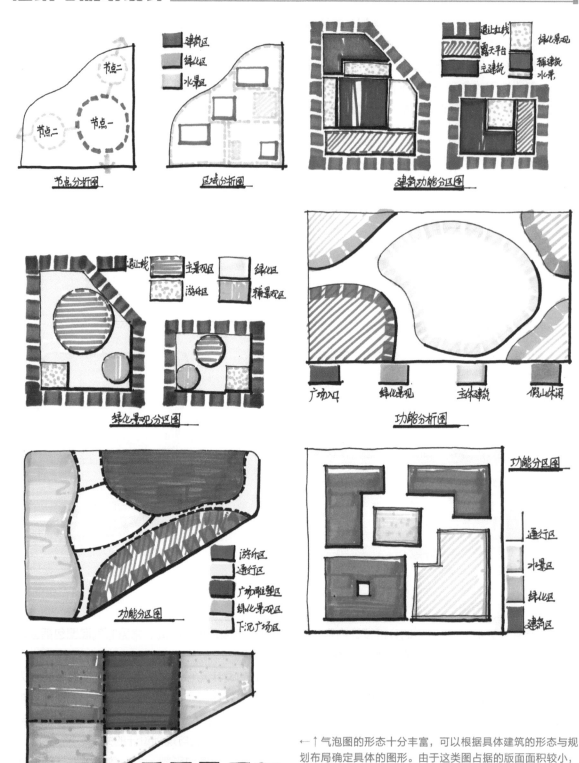

←↑气泡图的形态十分丰富，可以根据具体建筑的形态与规划布局确定具体的图形。由于这类图占据的版面面积较小，因此在色彩搭配上尽量为高饱和度，以快速吸引评卷老师的目光。由于色彩较丰富，还需要在气泡图中增加色彩标识图例，引导正确的读图顺序，从而让评卷老师快速抓住重点。

图 4-7　气泡图

4.2.2 过程图

过程图（图4-8）主要用于展示设计元素从设计初期到设计实现的过程，这类图具有明显的指向性，通常是由面到体，或者是由简单到复杂的转变过程。

（1）绘制要具备逻辑性。所有的设计都必须遵循"循序渐进"的设计原则，这要求分步绘制，并使用带有指向性的箭头来点明设计发生的顺序和逻辑。

（2）绘制色彩不宜过于复杂。为了丰富过程图的图面效果，可为其简单着色。由于过程图所占的面积较小，因此多以浅色为主，如浅灰色、浅紫色或浅橙色等。在绘制过程图时，要考虑到整幅图稿的色彩配比，既要能与整体色彩相协调，又不可过于突出，导致出现喧宾夺主的情况。

（3）绘制的透视方向要正确。过程图一般位于整幅快题图稿的下方，在线稿的绘制过程中要处理好透视问题，着色时不要超出界线，并明确深浅关系。

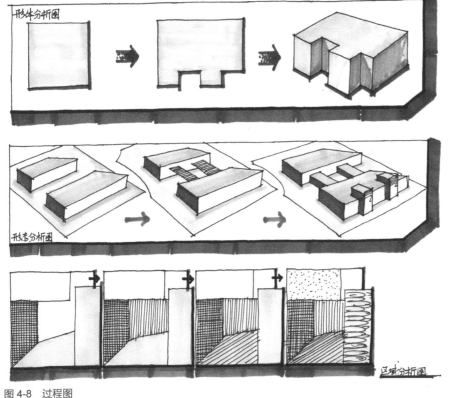

←过程图表达的是设计者的思维过程。大多数设计造型最初的形态来自于几何形体。几何形体变化多样，可仅在几个步骤中变化成所需要的建筑造型，适合任何风格的建筑规划布局。着色应尽量简单，能表现基本的体积感，即可达到设计表现的目的。

图4-8 过程图

4.2.3 导向图

导向图（图4-9）主要用于解释设计元素的基本动向，这对后期实际实施设计方案有比较强的指导意义。导向图多选用特定的符号和引线来表现设计的特征，常见的导向图包括交通流线导向图、建筑区域交通导向图、道路分析导向图、区域分析导向图等。

导向图中对交通流线的定义十分明确，它是建筑与规划设计的使用功能说明书，帮助评卷老师正确理解建筑的出入方式，也是群体建筑之间重要的有机纽带。

绘制导向图要对导向动线与箭头进行专项设计，考生应掌握3～5种箭头的造型表现方法，将动线与区域界线正确、合理地区分开。

建筑与规划设计

高分应考快题设计表现

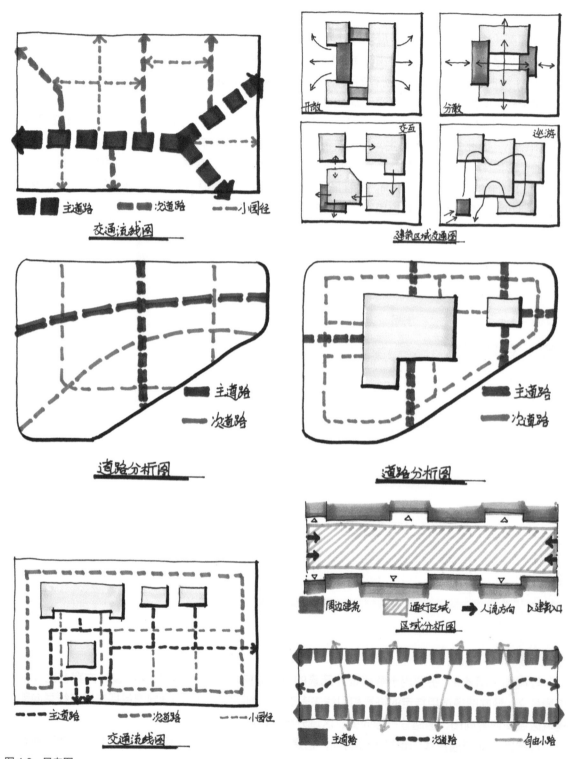

图 4-9 导向图

↑由于建筑轮廓为实线,为了与建筑构造有所区分,在导向图中的动线大多采用虚线标识,虚线的疏密与动态规律应当有所区别,搭配不同色彩,能有效区分不同级别的动线形态。

4.2.4 关系图

关系图（图 4-10）能明确表达设计内容，主要是通过文字和引线结合的形式来突显设计方案中各设计元素之间所存在的并列或包含关系。绘制关系图必须明确的是要能直观表现各设计元素之间的关系，如主次关系、并列关系等。

绘制的关系图应具备全面性。关系图是用于加深理解设计意图的，因此在绘制时要能够囊括设计方案中所有的设计元素，并能利用附有单箭头或双箭头的引线来表现不同功能特征的设计元素之间的逻辑关系，同时为了丰富图面效果，还可为文字添加图框，并简单着色。

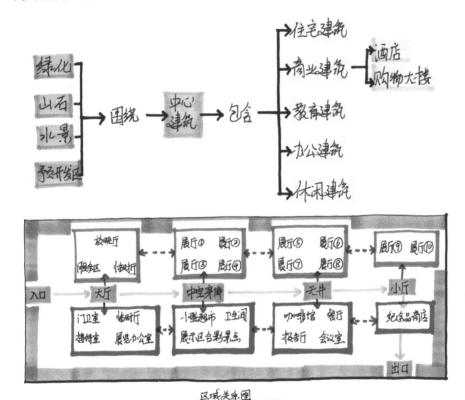

←单纯使用文字来标识建筑与规划设计中的功能要点是不足的，应当搭配箭头与线条来强化功能区的位置关系。如果快题设计时间有限，可以以文字为主，附带简单图线与箭头来强化重点关系。

图 4-10　关系图

4.2.5 简表图

简表图（图 4-11）是以表格的形式来阐明在设计过程中运用到的各类材料的具体规格和特征，大部分简表图会配有相对应的图片，且配图一般为手绘彩图。简表图是表格与图片的结合体，适用于信息量大且需要横向对比的设计细节，多用于图例展示。例如，建筑与规划设计中的植物汇总，此时，简表图能深度反映设计者知识的广度。

简表图在整幅快题图稿中所占的比例不大，但需控制好配图的比例。所绘制的配图要能运用线条和色彩来区分不同的材料。简表图的配色要能起到平衡整幅快题图稿色调的作用。所选用的色彩应当参考材料的固有色，再考虑环境色，并注意在具体的着色范围内处理好封边的问题。同时，还可以在简表图中增加一些技术性参数，提升快题设计画面的可读性。

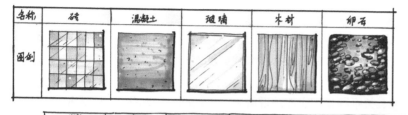

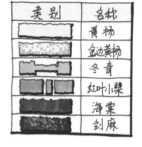

图 4-11　简表图

↑ 表格的形式不拘于细节，任何形式的表格均可，主要表意核心在于横向对比，能丰富快题设计画面的设计元素。

4.3　设计说明

设计说明要能清楚表明设计的内涵、内容、要求，以及对该设计方案是否可行的具体分析，所应用的词句要具备逻辑性，不仅立意要准确，字体大小、清晰度和完整度都应当符合要求。

4.3.1　设计说明书写

在书写设计说明时需要同时具备客观性和直观性。客观性要求设计说明能明确表达设计方案的规划目的和规划过程，并能清晰阐明设计元素所具备的各项功能和设计构造的特征；直观性要求设计说明能够传达设计者的设计情感，能够清晰地表明设计方案存在的可能性，以及对城市建设和社会发展可能做出的贡献。设计说明要求书写文字字迹清晰，设计说明的位置要符合版面要求，书写字数也应当控制在 200 ~ 300 字之间（图 4-12）。

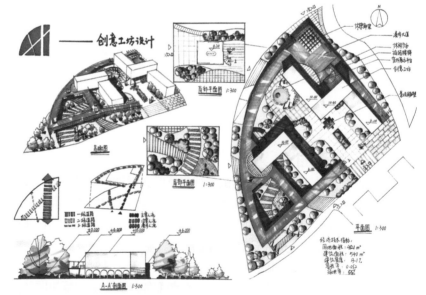

图 4-12　快题设计江南景区建筑（张悦琳）

设计说明:
    1. 形体创意:本设计方案为工业创意工坊的建筑设计,建筑以红、白墙为主,且低层连体建筑环绕主体建筑,形成围合状布局,整个设计表现出现代时尚气息,建筑形体比较规整,红色围合建筑能增强该建筑群的艺术美。
    2. 色彩材质:本设计方案中的主体建筑外墙为白色外墙乳胶漆,低层连体建筑选用红色真石漆,红白组合搭配,形成良好的视觉感。
    3. 使用功能:该建筑区域内设计有绿化、水景和小品,观赏性和生态性比较强。
    4. 适用群体:本设计项目规整完善,适合作为远离城市郊区的工业园区地产项目,适用于科技研发与办公创业群体。
    5. 未来发展:未来富有情调且环境适宜的工业研发地产项目将会更受到投资者欢迎,这类建筑集中化程度较高。

4.3.2　设计说明修改案例

通过不同形式的设计说明的对比,可以清晰认知到哪种设计说明形式更能突显设计项目的魅力(图 4-13、图 4-14)。

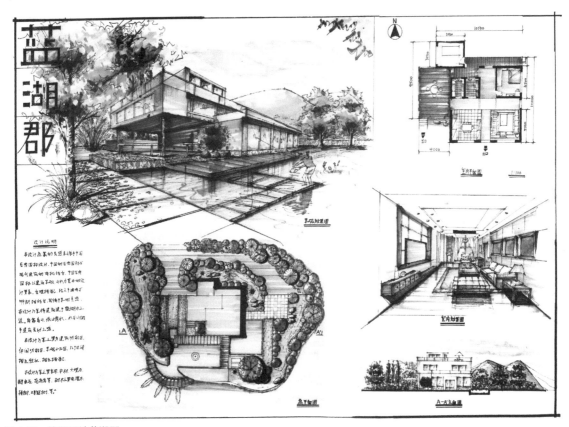

图 4-13　快题设计蓝湖郡

原设计说明:
    本设计方案的灵感来源于中国古典园林设计,中国的古典园林与现代建筑的有机结合,中国古典园林以建筑景观、山水为基本的设计要素,合理搭配,给人以幽曲与明朗相结合,寓情于景的美感。本设计方案将建筑建于盐湖水之边,背靠青山,依山傍水,水与山赋予建筑灵动之感。
    本设计方案主要分建筑功能区、休闲功能区、景观小品区,几个区间相互照应,相互搭配。
    本设计方案主要采用木材、大理石、鹅卵石、花岗岩等,树木主要有灌木、杨树、鸡冠树等。

新设计说明:
    1. 形体创意:本设计方案为蓝湖郡建筑设计,该设计方案的灵感来源于中国古典园林设计,设计中的主体建筑在古典园林的基础上又结合了现代建筑的特征,整个设计能营造一种轻松、愉快的氛围。

2. **色彩材质**：本设计中的主体建筑的主色调为冷灰色。偏暖的棕色木质栈道能够很好地表现出栈道的材质特色。主体建筑所选用的材料有木材、大理石、鹅卵石及花岗岩等；树木主要有灌木、杨树及鸡冠树等。
3. **使用功能**：该建筑功能比较强大，包含有建筑功能区、休闲功能区以及景观小品区，观赏性和实用性比较强。
4. **适用群体**：本设计项目位于盐湖水之边，依山傍水，适用于度假和旅游的群体。
5. **未来发展**：本设计方案极具灵动之感，在未来会更注重建筑与周边自然环境的协调关系，这也是大众关注的焦点。

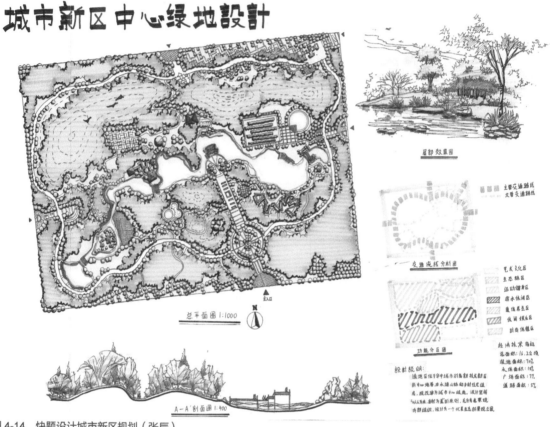

图 4-14　快题设计城市新区规划（张辰）

原设计说明：

　　该地区位于华中城市的高新技术新区的中心地带，由水塘山林和乡村住宅组成，现改建为城市中心绿地，设计坚持"以人为本，自然为基"的原则，充分考虑景观内部组织，设计为一个优美生态的景观公园。

新设计说明：

1. **形体创意**：本设计方案为高新技术新区的规划设计，该区域是在原来的水塘山林和乡村住宅的基础上进行改革，改建后为城市中心绿地，整个规划设计遵循以人为本和可持续发展的原则，自然气息比较浓郁。
2. **色彩材质**：本规划设计的主要设计元素为绿化带，设计中选用了不同色彩浓度的绿色以及少量的黄色、紫色以及粉色等来丰富画面的视觉效果，这些不同的色彩也指代不同的植物。
3. **使用功能**：该城市新区设置有大面积的绿地，绿地周边环绕有水景和少量的建筑小品，观赏性和生态性比较强。
4. **适用群体**：本设计项目适合建设环境优美的生态景观公园，适用于度假和旅游的群体。
5. **未来发展**：随着城市化进程的加快，未来生态化产业将会得到更多人的欢迎，这也是为了更好地维持生态平衡和社会的长久发展。

第5章 单图着色步骤方法

学习难度：★★★★☆
重点概念： 表现步骤、优秀作品赏析
章节导读： 效果图是快题设计图稿中不可缺少的一部分，它的存在是为了更立体和更形象地向公众展示设计的内容。在绘制时除要保证线稿比例和透视的正确性外，还要合理搭配色彩，并能通过着色线条和色彩深浅度的不同来表现设计元素的材质和形态特征。本章主要介绍建筑与规划设计效果图绘制的相关内容，并从中归纳出单幅效果图表现的技法要点。

5.1 单幅效果图表现步骤

单幅效果图的绘制要有一定的条理性，要分步骤绘制，以清楚展示设计特色，和塑造良好的图面视觉效果。

5.1.1 办公楼效果图

在绘制办公楼效果图时要明确地表现出建筑构造的特征，并能通过对线条和色彩的灵活应用，突显建筑的体积感和立体感（图5-1）。

画面边缘的绿植简单表现轮廓即可，但线条起伏样式要与建筑线条相呼应。

此处建筑构造呈凸起状，绘制时要控制好造型之间的间距，凸起部位线条应当具有坚挺感。

建筑侧面窗户的结构要清晰地表现出来，竖线条之间的距离要控制好，线条要具备透视效果。

玻璃窗的投影要重点刻画，要注重此处暗部层次的细致刻画。

绘制时需注意地面线条不可无限延伸。

a) 参考图片　　　　　　b) 步骤一：线稿绘制

建筑两侧的绿植应选用不同深度的绿色表现。

主体建筑选用暖灰色平涂表现，注意着色的完整性。

地面草坪选用横向着色线条，平涂即可，注意与远处绿植区别开。

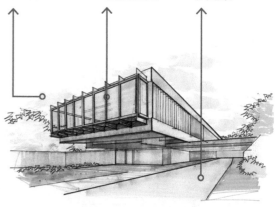

云彩绘制要与主体建筑保持恰当的距离。

可用较深的蓝色表现玻璃的反光与折射效果。

地面选用冷灰色平涂，注意应逐步变浅。

c) 步骤二：基础着色　　　　　　d) 步骤三：叠加着色

图 5-1 办公楼效果图（程子莹）

第5章 单图着色步骤方法

云彩可选用多种不同深度的蓝色表现,运笔比较自然。

选用深灰色强化室内顶棚的暗部色彩,注意深浅色调的对比。

要注重对建筑暗部区域的刻画,可适当加深暗部色彩。

绿植可选用明度较低,但色彩互为相近色的绿色来逐层着色,主要以点笔技法为主。

e)步骤四:深入刻画细节

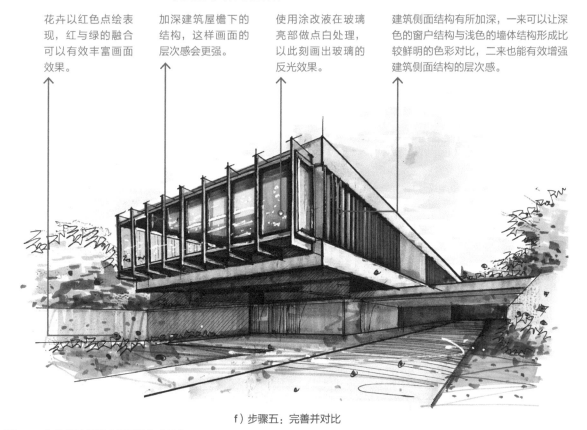

花卉以红色点绘表现,红与绿的融合可以有效丰富画面效果。

加深建筑屋檐下的结构,这样画面的层次感会更强。

使用涂改液在玻璃亮部做点白处理,以此刻画出玻璃的反光效果。

建筑侧面结构有所加深,一来可以让深色的窗户结构与浅色的墙体结构形成比较鲜明的色彩对比,二来也能有效增强建筑侧面结构的层次感。

f)步骤五:完善并对比

图 5-1 办公楼效果图(程子莹)(续)

↑办公楼效果图的绘制首先需要分析建筑的结构特征,并根据参考照片绘制出相对应的线稿图。然后确认线稿比例和透视关系均无错误后即可开始着色。着色时要提前确定好主体设计对象所需选用的色彩。其次,在主体建筑着色完毕后,便可开始周边配景的着色,注意周边配景的色彩浓度要低于主体建筑色彩,所选用的笔触也不可与主体建筑的着色笔触相矛盾。最后,所有设计元素着色完成后,可开始收边和整理整幅图稿的构图,要处理好图稿四角,并注意画面细节及画面光影关系和虚实关系的完善。

5.1.2 会议大楼效果图

在绘制会议大楼效果图时要重点刻画建筑主体结构的轮廓特征,并能通过对线条的巧妙运用来表现主体建筑结构的体积感和层次感(图5-2)。

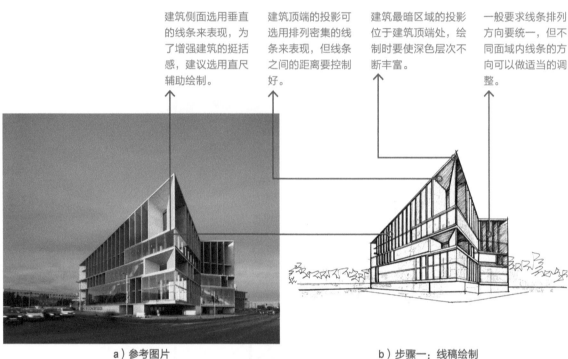

建筑侧面选用垂直的线条来表现,为了增强建筑的挺括感,建议选用直尺辅助绘制。

建筑顶端的投影可选用排列密集的线条来表现,但线条之间的距离要控制好。

建筑最暗区域的投影位于建筑顶端处,绘制时要使深色层次不断丰富。

一般要求线条排列方向要统一,但不同面域内线条的方向可以做适当的调整。

a)参考图片　　　　b)步骤一:线稿绘制

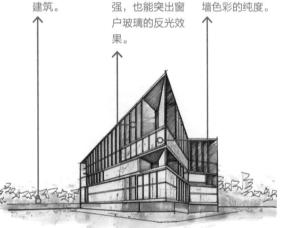

作为背景存在的绿植简单着色即可。

建筑侧面可选用暖灰色的竖向线条来表现,平铺的笔触也能够丰富画面效果。

玻璃幕墙选用了浅蓝色的横向线条,能够很好地与建筑主体色彩区分开。

地面选用冷灰色表现,着色时需与主体建筑的色彩有所区别。

绿植第二层着色层选用了较深的绿色,既可丰富画面效果,也能烘托建筑。

建筑侧面的内凹区域可通过冷灰色的有序叠加来表现,这样建筑的层次感会更强,也能突出窗户玻璃的反光效果。

玻璃幕墙需要二次着色,可选用浅蓝色覆盖,这种表现形式能够有效提高玻璃幕墙色彩的纯度。

c)步骤二:基础着色　　　　d)步骤三:叠加着色

图5-2 会议大楼效果图(程子莹)

第5章 单图着色步骤方法

- 要逐层提升建筑侧面结构阴影的层次,并注重对阴影细节的刻画。
- 为了加深玻璃幕墙的层次感,可在其着色层表面再次覆盖一层新的笔触。
- 注重对光影关系和虚实关系的刻画,可根据建筑形体和光照角度来为着色线条选择合适的倾斜度。
- 地面色彩同样需要逐步加深,要与建筑和绿植的色彩区分开,以此达到烘托建筑的目的。

e)步骤四:深入刻画细节

- 可使用点笔的技法来强化此处绿化的层次感,这样画面视觉效果也会更好。
- 天空云彩的色彩主要以蓝色和紫色为主,画面效果较好。
- 丰富地面层次,以此突出建筑的受光面。
- 建筑顶端处的暗部区域刻画可选用倾斜的着色线条全面覆盖,这种表现形式能够有效统一画面的层次感。
- 可使用涂改液来点亮玻璃幕墙的亮部。

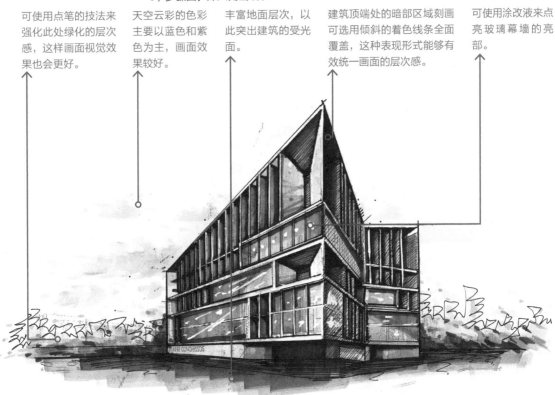

f)步骤五:完善并对比

图 5-2 会议大楼效果图(程子莹)(续)

↑会议大楼效果图要注重线稿的绘制,要根据参考照片详细地绘制出会议大楼的线稿图。线稿中,建筑的绘制要完整,图面的比例和透视关系都应符合绘制要求;要参考视平线绘制,以便能够获取正确的建筑物高度和道路宽度。线稿确定无误后可开始着色,要巧妙地运用色彩,并注重建筑本身的明暗对比;基础着色完成后可开始细节的刻画,可根据画面需要进行二次叠色,并适当地添加冷、暖色,以便能获得更好的画面效果。

5.1.3 工厂建筑效果图

在绘制工厂建筑效果图时要重点表现建筑墙面的材质特色，并通过叠加适当的色彩和笔触来突出工厂建筑的结构形体特征（图5-3）。

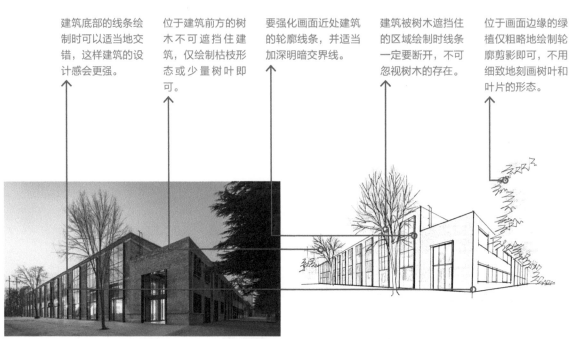

建筑底部的线条绘制时可以适当地交错，这样建筑的设计感会更强。

位于建筑前方的树木不可遮挡住建筑，仅绘制枯枝形态或少量树叶即可。

要强化画面近处建筑的轮廓线条，并适当加深明暗交界线。

建筑被树木遮挡住的区域绘制时线条一定要断开，不可忽视树木的存在。

位于画面边缘的绿植仅粗略地绘制轮廓剪影即可，不用细致地刻画树叶和叶片的形态。

a）参考图片　　　　　　　　　　b）步骤一：线稿绘制

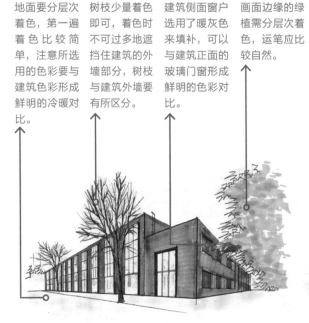
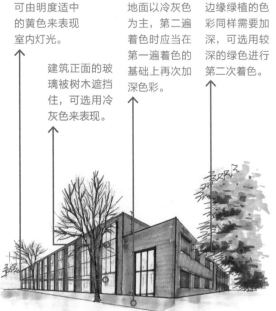

地面要分层次着色，第一遍着色比较简单，注意所选用的色彩要与建筑色彩形成鲜明的冷暖对比。

树枝少量着色即可，着色时不可过多地遮挡住建筑的外墙部分，树枝与建筑外墙要有所区分。

建筑侧面窗户选用了暖灰色来填补，可以与建筑正面的玻璃门窗形成鲜明的色彩对比。

画面边缘的绿植需分层次着色，运笔应比较自然。

可由明度适中的黄色来表现室内灯光。

建筑正面的玻璃被树木遮挡住，可选用冷灰色来表现。

地面以冷灰色为主，第二遍着色时应当在第一遍着色的基础上再次加深色彩。

边缘绿植的色彩同样需要加深，可选用较深的绿色进行第二次着色。

c）步骤二：基础着色　　　　　　d）步骤三：叠加着色

图5-3　工厂建筑效果图（程子莹）

第5章 单图着色步骤方法

> 玻璃的中央区域应当选用色彩浓度较深的冷灰色来表现，这样也能衬托出周边的深色环境。

> 位于画面近景区域内面积较小的局部玻璃的颜色也应当适度加深，才能突显出玻璃自然反光的效果。

> 建筑侧面的窗户竖向排列深色着色线条，能够很好地与建筑亮面区域形成鲜明的对比。

> 远处的灌木选用偏灰、偏褐的色彩作点笔表现。

e）步骤四：深入刻画细节

天空云彩交替使用了蓝色和紫色，为了丰富画面效果，还可在其表面叠加一层彩色铅笔线条。

可选用涂改液来表现建筑内部灯光高光处的特点。

第二次为建筑墙面着色时，可选用深色作点笔技法，并控制好着色空隙，这种表现形式能够很好地表现树木的阴影与反光。

建筑侧面的暗部区域要重点刻画，可密集排列线条，以强化明暗对比。

f）步骤五：完善并对比

图 5-3　工厂建筑效果图（程子莹）（续）

↑工厂建筑效果图首先需要绘制线稿，线稿中整体画面的结构比例和透视关系都应当合理化，建筑构造要比较完整，建筑周边的环境也要有所交代，空间的纵深层次更能清晰地表现出来。然后确认线稿中建筑的结构线、视平线的高度以及消失点的位置。都没有任何错误后即可开始基础着色工作，着色时要确定好主体建筑的基本色调，要与周边环境色调有所区分；具体着色时要分层次，要能灵活地运用着色线条，并通过不同深浅度的色彩和适当的点白来突显建筑外墙的反光效果。

建筑与规划设计

5.1.4 图书馆效果图

在绘制图书馆效果图时要重点表现建筑的结构轮廓特征，同时，应注意不可使用单一的绿色来表现所有的绿化植物，要使用不同的色彩来区分出不同的绿植（图5-4）。

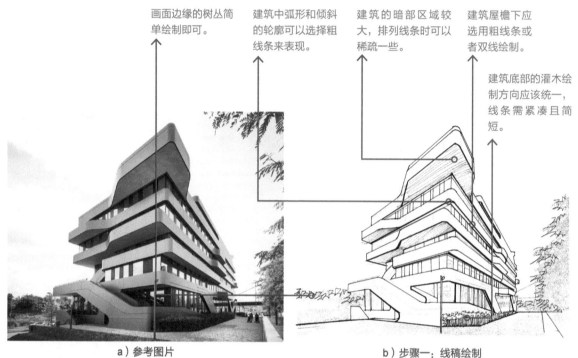

画面边缘的树丛简单绘制即可。

建筑中弧形和倾斜的轮廓可以选择粗线条来表现。

建筑的暗部区域较大，排列线条时可以稀疏一些。

建筑屋檐下应选用粗线条或者双线绘制。

建筑底部的灌木绘制方向应该统一，线条需紧凑且简短。

a）参考图片　　　　　　　　　b）步骤一：线稿绘制

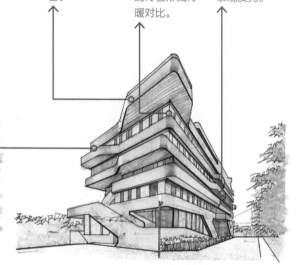

作为背景存在的绿化区域简单着浅绿色即可，注意颜色与着色层次的准确性。

建筑暗部区域选用了更深的暖灰色来描绘，竖向排列的笔触能够更加突显暗部的层次感。

位于建筑下方的结构可选用冷灰色表现，这种色彩也与地面颜色和玻璃幕墙的色彩互为相似色。

建筑受光面选用冷灰色表现，并与第一遍灰色成相叠关系。

建筑转折部位在着色时要保留好底色，第二遍基本不着色。

玻璃窗可选用暖蓝色来表现，这种色彩能与建筑外墙的冷色形成冷暖对比。

建筑下方着色笔触需适当预留出一定的空隙，这样也能更自然地表现反光。

c）步骤二：基础着色　　　　　　　　　d）步骤三：叠加着色

图5-4　图书馆效果图（程子莹）

第5章 单图着色步骤方法

建筑的背光面需要再次加深，可选用多种不同的运笔方式，注意不同笔触之间的间隙要控制好。

建筑底部屋檐下的投影要重点刻画，要表现出投影的层次感。

建筑在着色时要预留出边角区域的高光部位，这样画面的层次也会更丰富。

画面边缘的灌木可选用偏灰色或偏褐色的色彩来表现，再运用点笔的技法来表现出灌木的轮廓特征。

e）步骤四：深入刻画细节

建筑侧面的窗户间隙依旧需要选用丰富的色彩来强化画面的视觉效果。

建筑斜面选用倾斜线条表现，这样画面层次的统一性会更高。

天空云彩选用了浅蓝色表现，一般选用单一的运笔方向即可。

建筑前方的地面在着色时要突出色彩的对比，可排列紧密的线条来强化对比，也可通过加深地面色彩来衬托出墙面的受光部位。

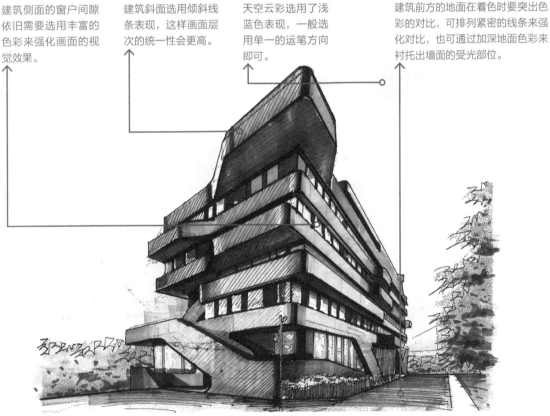

f）步骤五：完善并对比

图 5-4　图书馆效果图（程子莹）（续）

↑图书馆效果图的绘制重点在于线稿是否能够准确地表现画面整体的比例关系和透视关系，是否能够清晰地表现建筑的轮廓特征和周边环境特色。在绘制线稿时要能根据透视原理，准确地判断出视平线的高度和消失点的位置，并能从中获取到合理的建筑高度和道路宽度。在具体着色时则需区分近、中、远景，通过色彩的叠加和渐变来表现建筑受光面与背光面的特征，并能协调好建筑与周边配景之间的色彩关系。

5.1.5 快捷酒店效果图

在绘制快捷酒店效果图时要表现绘制所选用的透视角度，并能通过对线条的应用表现画面中的远近虚实变化（图5-5）。

画面边缘地带的绿化绘制比较简单，能与细致绘制的建筑形成比较明显的对比。

建筑转角结构需要强化对投影的绘制，这样建筑的立体感会更强。

建筑的主体结构选用十字交叉的线条绘制，为了增强建筑的挺括感，建议选用直尺辅助绘制。

一般遮挡住建筑结构的绿植多位于画面的边缘区域，绘制时要表现出树木的外部轮廓。

a）参考图片　　　　　　b）步骤一：线稿绘制

背景绿化简单着浅绿色即可，注意色彩运用要准确。

建筑结构交替使用了暖灰色和冷灰色，并在结构亮面处着以黄色和绿色，以达到丰富画面效果的目的。

建筑着色时还要适度表现绿植在玻璃幕墙上形成的投影。

建筑周边树木着色时要选用不同的色彩。

绿植第二次着色时应当选用更深一些的绿色。

建筑靠内的一侧可在原有色调基础上叠加冷灰色，这样也能与建筑的正面形成鲜明的对比。

为了有效提高建筑中上部玻璃色彩的纯度，可在原有色调基础上再着一遍浅蓝色。

地面选用冷灰色叠加着色即可。

c）步骤二：基础着色　　　　　　d）步骤三：叠加着色

图5-5　快捷酒店效果图（程子莹）

第5章 单图着色步骤方法

→ 着色时需要适当加深建筑内部门窗阴影的色彩,这样建筑门窗的立体感会更强。

→ 建筑前部的绿植在基础着色完成后还需运用点笔技法来强化绿植的形态特征,这种表现形式能很好地丰富绿化层次。

→ 建筑底部玻璃门窗着色时要重点考虑街景在建筑上会形成何种的反射效果。

→ 地面着色要逐层深化。

e)步骤四:深入刻画细节

建筑靠内一侧还需加深暗部的线条,以便突显建筑的体积感。

选用多种不同的色彩来丰富玻璃幕墙的视觉效果,这种表现形式也能很好地提升画面的色彩感。

选用浅蓝色的马克笔来绘制天空云彩,并适当地运用点笔和挑笔,必要时还可在其表面覆盖整齐排列的彩色铅笔线条。

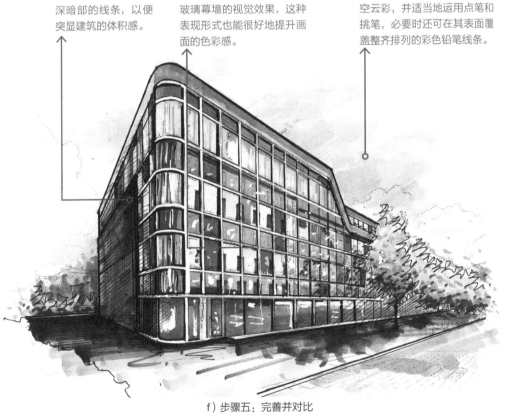

f)步骤五:完善并对比

图5-5 快捷酒店效果图(程子莹)(续)

↑绘制快捷酒店效果图时首先需要根据参考照片,使用绘图铅笔大致地描绘出建筑的形体轮廓,再根据照片内容进行细节刻画,并确定好画面中近、中、远景所包含的内容,以及明确画面中的比例关系、透视关系、明暗关系以及虚实关系等。线稿绘制结束后即可开始着色,着色要突显建筑的生命力和建筑的层次感,并通过色彩的渐变来实现画面中设计元素的光影变化和虚实变化,以获得更好的视觉效果。

5.1.6 音乐厅效果图

在绘制音乐厅效果图时要重点表现地面的层次感，并能与天空形成衬托与被衬托的关系；除此之外，对于画面中的部分细节，也需重点刻画（图5-6）。

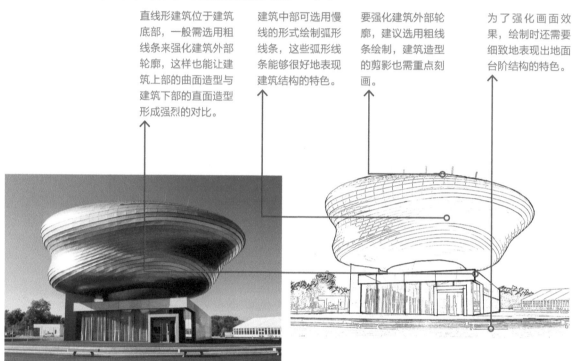

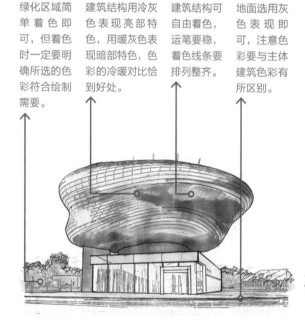

图 5-6　音乐厅效果图（程子莹）

第5章 单图着色步骤方法

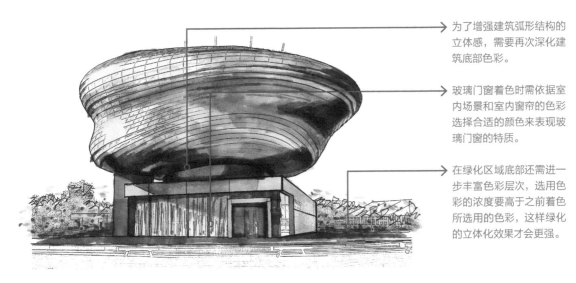

> 为了增强建筑弧形结构的立体感,需要再次深化建筑底部色彩。

> 玻璃门窗着色时需依据室内场景和室内窗帘的色彩选择合适的颜色来表现玻璃门窗的特质。

> 在绿化区域底部还需进一步丰富色彩层次,选用色彩的浓度要高于之前着色所选用的色彩,这样绿化的立体化效果才会更强。

e)步骤四:深入刻画细节

选用蓝色来表现天空云彩的形态,可适当运用挑笔和点笔的表现形式来丰富画面效果。

建筑底部色彩浓度较深,这样可以有效强化与建筑上部的对比。

当建筑结构的基础色彩比较深时,可选用涂改液来重点表现建筑的亮部。

建筑底部的侧面在原有着色基础上又排列了一层倾斜的彩色铅笔线条,这种表现形式使得建筑结构的暗部更具层次感。

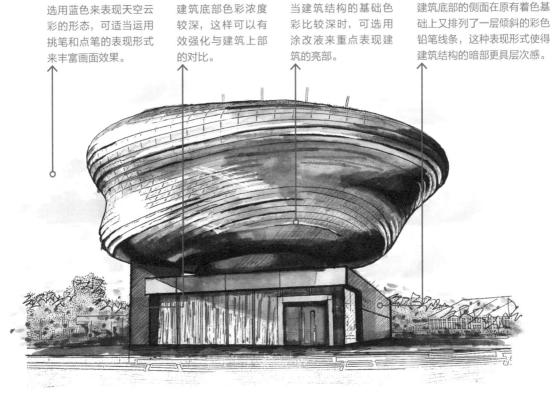

f)步骤五:完善并对比

图5-6 音乐厅效果图(程子莹)(续)

↑在绘制音乐厅效果图线稿时首先需要将主体建筑的框架、结构和高度等确定下来,然后再明确周边环境的比例,并用绘图铅笔勾勒出来。线稿绘制完成确认无误后便可开始大面积铺色,注意着色之前要确定好主体建筑的基本色调,要将用色最深的部位清晰地表现出来,着色线条要流畅;主体建筑着色完成后可开始周边配景的着色,绿植着色时要处理好前后和高低的空间关系,要清楚地表现出周边配景和建筑之间的比例和透视关系,并时刻保持画面的洁净,以及画面光影关系、明暗关系和虚实关系等的正确性。

5.1.7 独栋住宅建筑效果图

独栋住宅建筑效果图的绘制依旧需按照线稿→着色稿→完稿的顺序绘制。其线稿要能表现独栋住宅建筑的外部轮廓特征，着色稿要能突出独栋住宅建筑的材质特色。下面将直接从马克笔上色开始讲解独栋住宅建筑效果图的具体表现步骤（图5-7）。

a）步骤一：基础着色

↑要注重对画面色彩关系的分析，包括建筑的固有色是否是画面的主色调，以及周边环境基础色调为何种色彩等，并能在着色之前确定好建筑的主色调。着色时应当先用主色调来明确整个画面的明暗关系，再通过对色彩深浅度的表现突显建筑的阴影。

b）步骤二：叠加着色

↑叠加色彩时可选用同类色进行覆盖，但要控制好色彩深度，并注意第二遍色不可将第一遍色完全覆盖，要运用恰当的笔触来表现建筑的转折结构，这样建筑的层次感和体积感才会更强。

图5-7 独栋住宅建筑效果图（杨雨金）

第5章 单图着色步骤方法

c）步骤三：深入刻画细节

↑刻画细节时要重点表现建筑的虚实关系和明暗关系，要注重对建筑暗部笔触的刻画，并适当地选用高光笔或者涂改液来提亮建筑结构的亮部，还可利用扫笔的技法在建筑表面形成渐变的视觉效果。此外，在绘制建筑暗部时要注意不可选用过深的色彩，运笔要灵活，这样最终的视觉效果才会更具自然感，整体画面的通透感也会更强。

d）步骤四：完善并对比

↑在绘制过程中要明确天空云彩的表现范围，所选用的笔触也应当尽量自然、多变，并能通过色彩的叠加实现细化建筑暗面表现的目的，同时能够再次强化建筑近、中、远景之间的对比关系，以使得整个画面的视觉美感更强。

图5-7 独栋住宅建筑效果图（杨雨金）（续）

5.1.8 艺术馆效果图

艺术馆效果图的绘制需要以线稿为基础，并利用着色稿来深化设计主体的形象，在绘制时要更多地注重对主体建筑的刻画，下面将直接从马克笔上色开始，讲解艺术馆效果图的具体表现步骤（图5-8）。

a）步骤一：基础着色

↑基础着色的重点在于所选的色彩是否能够表现出艺术馆建筑所选用的材质特色，建筑的色彩与周边环境的色彩是否能够有所区分，所选用的色彩浓度和渐变层次是否能够清晰地表现出建筑的阴影关系和虚实关系等。

b）步骤二：叠加着色

↑叠加着色时要选择正确的笔触，要能表现建筑不同结构的特色，包括建筑转折结构以及建筑内凹结构的特色等，并注意不可将过于冲突或不可相融的色彩叠加在一起，这样会影响最终的视觉效果。

图5-8 艺术馆效果图（杨雨金）

第5章 单图着色步骤方法

c）步骤三：深入刻画细节

↑对细节的刻画能够有效增强整个画面的立体化效果。绘制时需要整理好画面内的空间关系，要能够细化建筑的暗部笔触，并利用涂改液或高光笔来提亮建筑亮部，以使整个建筑更具设计美感和艺术感。

d）步骤四：完善并对比

↑主体建筑及周边配景着色结束即可开始天空云彩的着色，注意着色选用的色彩要能突显云彩的美感，笔触运用尽量自由化和灵活化。此外，为了强化和完善画面效果，建议再次细化建筑的暗部区域，并加强建筑周边近、中、远景之间的对比关系，这种表现形式也能使整个画面更具层次感。

图5-8 艺术馆效果图（杨雨金）（续）

5.1.9 规划设计效果图

在绘制规划设计效果图时要总览全局,要明确地表现出建筑布局情况、交通布局情况、绿植布局情况和河湖布局情况等(图5-9)。

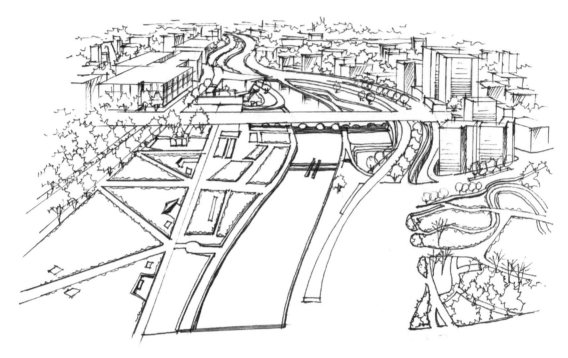

a)步骤一:线稿绘制

↑规划设计效果图线稿的绘制内容较多,对于连接紧密的建筑要控制好前后的空间关系,且不同高度的建筑之间的比例和透视关系也应当具体地表现在图面上。

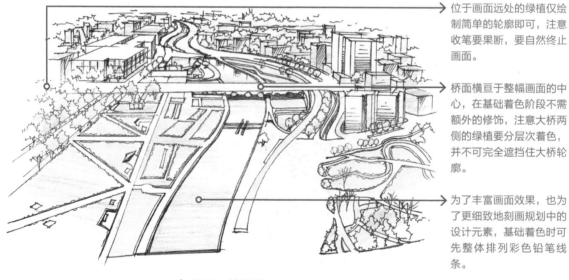

→ 位于画面远处的绿植仅绘制简单的轮廓即可,注意收笔要果断,要自然终止画面。

→ 桥面横亘于整幅画面的中心,在基础着色阶段不需额外的修饰,注意大桥两侧的绿植要分层次着色,并不可完全遮挡住大桥轮廓。

→ 为了丰富画面效果,也为了更细致地刻画规划中的设计元素,基础着色时可先整体排列彩色铅笔线条。

b)步骤二:基础着色

图 5-9 规划设计效果图

第5章 单图着色步骤方法

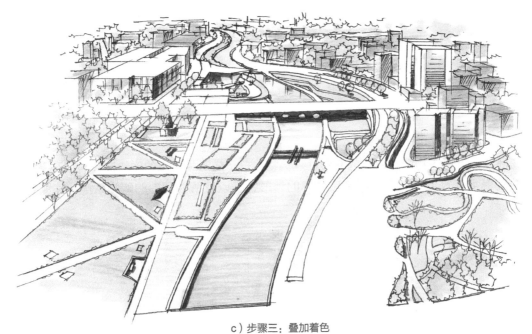

c）步骤三：叠加着色

↑在彩色铅笔的基础上进行二次马克笔着色。着色时应当先选用浅色系，再选用较深的色彩强化重点部位，如建筑的暗部及桥下的投影等，并在叠加着色时对建筑、河流、绿坪及绿植等有所区分。

地砖上的纹理要清晰地突显出来，花纹的色彩浓度要高于周边地面的色彩。

桥面选用冷灰色表现，在绘制时还需加深桥梁下方的暗部区域，桥梁在草坪上的投影也需表现出来。

建筑的暗部区域可通过叠加深色来表现，这种表现形式能够增强建筑结构的明暗对比。

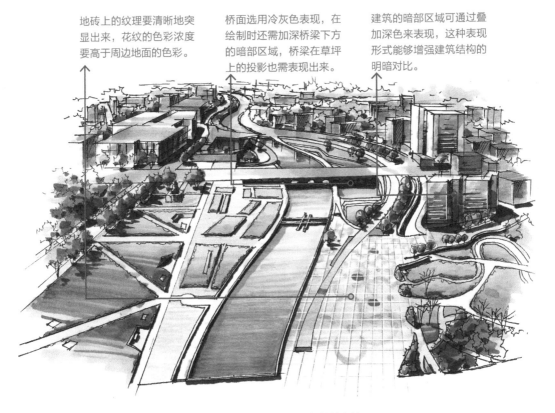

d）步骤四：深入刻画细节并完善

图5-9 规划设计效果图（续）

5.2 优秀效果图解析

本节从不同类型的建筑效果图与规划设计效果图来细致讲解快题设计中单幅效果图绘制的具体技巧。

5.2.1 购物商场建筑效果图

购物商场建筑属于功能性较强的社会性建筑物,日常生活中常见的购物商场属于商业建筑,在绘制购物商场建筑效果图时要能突出建筑的外形特征以及所要营造的购物氛围等(图5-10、图5-11)。

建筑墙面线条选用快速技法绘制,线条的笔直度不必要求过于严格,但线条的定位必须准确。

建筑的屋檐顶棚处于画面的中心,为了突出屋檐结构的特征,可选择暖色来进行基础着色。

选用浅蓝色来表现玻璃的特征,同时为了突出建筑的立体感,还需表现出建筑前的绿植在玻璃上形成的投影。

图5-10 购物商场建筑效果图(何静)(一)

线稿中作为辅助对象存在的模拟人物,在绘制时要表现出人物的基本形态。

线稿中的部分横平竖直的线条可利用直尺辅助绘制,这样建筑的挺括感会更强。

整幅画面结构较简洁,为了平衡画面结构,避免出现"头重脚轻"的情况,可适当地加深远处绿化植物的色彩。

建筑屋檐底部和主体墙面在着色时应当选择不同色系的色彩来着色,这样画面的视觉效果会比较好。

建筑的间隙处以及内部墙面区域,均可选用纯度较高的色彩着色,但要控制好色彩比例。

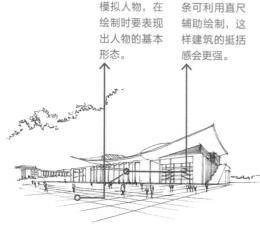

a)线稿

b)着色

图5-11 购物商场建筑效果图(何静)(二)

第5章 单图着色步骤方法

5.2.2 酒店建筑效果图

　　酒店同属于商业建筑,主要为公众提供洽谈、休憩及娱乐等活动的场所,绘制时要注重建筑与周边配景的协调性,并应注意由于建筑层高不同和光照方向的不同来选择合适的明暗面(图5-12)。

小贴士

建筑绘制注意事项

　　首先要确定线稿中建筑各结构的透视关系是否正确;根据所要表达的建筑内容的不同,所选用的视角是否正确;检查绘制线条是否过于凌乱。然后要分清整幅画面的主次和建筑的主次,利用线条的粗细和色彩的深浅来区别不同的建筑结构。

a)线稿

图5-12　酒店建筑效果图(贺怡)

高分应考快题设计表现
建筑与规划设计

天空云彩可选用色彩浓度较深的蓝色表现，这种深色与建筑的局部浅色能形成比较明显的对比，这样也能突显建筑结构。

为了突显建筑内凹结构的形态特征，可选择色彩浓度较深的暖灰色来表现，着色时注意保持整体建筑颜色的渐变效果。

水面位于画面边缘，主色为蓝色，可绘制比较自由的着色线条，这样水面的灵动感会比较强，整幅画面的视觉效果也会比较好。

树荫在水面形成的阴影比较深，可用偏冷的色彩如较深的蓝色表现，注意水面阴影色彩一定要与天空色彩有所区分。

绿化植物位于画面中心，在绘制时要加深对绿化植物层次感的塑造，可选用不同浓度的绿色来进行绿化植物的基础着色与深化着色，必要时还可使用涂改液或者高光笔来点亮绿植的亮部，以增强绿化植物的体积感。

b）着色

图 5-12　酒店建筑效果图（贺怡）（续）

5.2.3 休闲度假建筑效果图

休闲度假建筑属于商业建筑,该类建筑的功能性和美观性较强,在绘制时要能突显建筑的艺术美和几何美,并通过对建筑结构与建筑细节的绘制来突显建筑的独特性(图 5-13 ~ 图 5-19)。

图 5-13 休闲度假建筑效果图(杨雨金)(一)

a)线稿 　　　　　　　　　　　　　　　　　b)着色

图 5-14 休闲度假建筑效果图(周浪)(一)

高分应考快题设计表现
建筑与规划设计

> 绿植位于画面中心区域,可选用色彩明度较高的绿色来表现,这样绿植的色彩感会比较好。

> 休闲亭的草屋顶面应当沿着草的铺装方向着色,可使用扫笔来表现草屋顶面材料的特点。

> 画面远处的灌木要能衬托近处的地面,可用色彩浓度较深的绿色来表现。

> 画面边缘的水面简单着色即可,停笔要自然,着色线条之间的衔接也要柔和。

图 5-15　休闲度假建筑效果图(石骐华)

> 天空云彩可选用不同色彩浓度的蓝色表现,注意控制好运笔的速度,不同浓度的蓝色之间的融合也应当自然且柔和。

> 建筑结构所属的类别不同,所需要表现的重点也会有所不同。此处建筑结构可选用浅灰色表现,这样既能与建筑结构的亮面形成对比,也能增强此处建筑结构的体积感。

> 家具位于画面中心区域,可选用偏暖的浅色调来表现,着色时要能清晰地表现家具的结构、材料及纹理特色等。

> 绘制绿植时要注重层次的塑造,不同光照方向的光线在绿植上形成的阴影会有不同,这一点需要使用不同色彩浓度的绿色来表现。此外,为了烘托建筑构造,可适当地细化绿植的叶片形态。

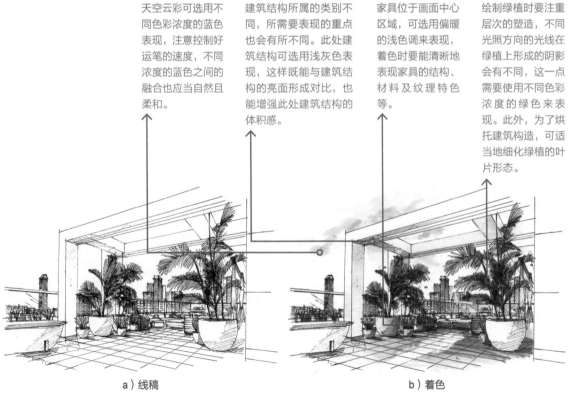

a)线稿　　　　　　　　　　　　b)着色

图 5-16　休闲度假建筑效果图(周浪)(二)

第5章 单图着色步骤方法

> 玻璃幕墙可选用浅蓝色表现,并且要处理好与天空之间的衔接,玻璃幕墙底部还需加深色彩,这样才能更好地表现绿植在玻璃幕墙上形成的投影。

> 草坪面积较大,可选用不同深浅的绿色来叠加着色,这样不仅可以丰富画面效果,也能提升草坪的层次感。

> 在画面的边缘部分,可适量地添加一些石块,但石块接近草坪的部分简单着色即可。

图 5-17 休闲度假建筑效果图(杨雨金)(二)

> 绿植位于画面边缘区域,在绘制时简单描绘,再选用不同深浅的绿色叠加即可,运笔需比较自然。

> 建筑屋檐下方要与建筑屋檐侧面的受光面区分开,可选用暖灰色覆盖,这样既能很好地表现建筑结构的特征,也不会与建筑的主色调相矛盾。

> 为了衬托建筑构造,在绘制地面时需选用多种暖色调叠加着色,注意保留地面的受光面,这样也能形成鲜明的色彩对比。

图 5-18 休闲度假建筑效果图(杨雨金)(三)

> 屋顶上方的天空云彩选用浅蓝色表现即可,可适当使用涂改液点白,以丰富画面效果。

> 为了营造轻松、愉悦的氛围,可丰富绿植的色彩,这样也能更好地衬托建筑。

> 屋顶可选用扫笔的方式来绘制,这样所形成的线条也能强化草屋顶面的蓬松感。

图 5-19 休闲度假建筑效果图(蒋文武)

5.2.4 别墅建筑效果图

别墅建筑属于住宅建筑,多呈独栋或多栋分布,周围配备花园或其他类观赏性景观。在绘制时除需重点表现别墅建筑的造型特色外,还需表现周边景观的生长特征(图 5-20 ~ 图 5-35)。

- 选用三种不同明度的蓝色来表现天空云彩,注意彩色铅笔线条需排列整齐。
- 建筑屋檐的背光区域可选用暖灰色来表现,视觉感比较好。
- 玻璃门窗的蓝色要与天空云彩的蓝色有所区别,建议选用深灰色来表现树木在玻璃上的投影。
- 简要表现树木在建筑外墙上的投影即可。

图 5-20 别墅建筑效果图(杨雨金)(一)

- 屋顶的受光面采用了平铺着色的方式来表现,为了增强建筑的立体感和轮廓感,可选用白色高光笔来勾勒建筑的形体轮廓。
- 绘制时需注意,建筑玻璃门窗的色彩要与天空云彩的色彩和周边绿化的色彩有所不同,玻璃表面的反光效果也不可过于强烈。
- 选用白色高光笔勾勒地面铺装材料的轮廓,这样既能增强地面铺装材料的质感,画面立体效果也会比较好。

图 5-21 别墅建筑效果图(杨雨金)(二)

- 天空云彩选用乱线绘制而成,笔触比较自由,着色时在马克笔线条的基础上还覆盖有一层彩色铅笔线条,这种不同笔触的叠加能够有效增强天空云彩的多样性。
- 建筑高处的玻璃幕墙在着色时应当先平铺一层浅蓝色,再覆盖一层冷灰色。
- 建筑墙面采用了倾斜的笔触,注意着色时要能表现出由深到浅的色彩渐变效果。
- 建筑低处的玻璃幕墙在着色时可选用色彩浓度比较深的冷灰色。

图 5-22 别墅建筑效果图(杨雨金)(三)

第5章 单图着色步骤方法

> 建筑屋檐的轮廓可选用双线绘制，这样建筑的立体感会更强。此外，为了强化玻璃幕墙的视觉效果，可选用密集排列的倾斜线条来表现玻璃幕墙的阴影效果。

> 建筑外墙面的背光面，可选用倾斜的着色线条表现，注意描绘光线线条的方向要正确。

> 靠近画面边缘的草坪在选择色彩时可适当简单化，同时注意运笔要自然。

图 5-23　别墅建筑效果图（杨雨金）（四）

> 天空云彩由马克笔线条和彩色铅笔线条叠加而成，笔触之间的融合很自然。

> 建筑屋檐的背光面可选用不同色彩浓度的暖色调和灰色表现，视觉效果会比较好。

> 主体建筑采用了竖向运笔的方式来表现建筑墙面铺装材料的形态特征，还使用了点笔的方式来强化画面效果。

> 绘制时应当保留建筑围墙栏杆上的白色反光区域，可使用点笔的方式来表现反光。

图 5-24　别墅建筑效果图（杨雨金）（五）

> 倾斜的运笔方式更能表现三角形建筑的特征，适量的白色也能强化三角形建筑外墙铺装材料的轮廓特征。

> 在绘制建筑侧面开窗时要分清受光面和背光面，并选用不同明度和深度的色彩作以区分。

> 为建筑颜色最深的区域，在绘制时应当先覆盖深褐色，再覆盖较深的暖灰色，注意色彩叠加时要能相互融合。

图 5-25　别墅建筑效果图（杨雨金）（六）

高分应考快题设计表现
建筑与规划设计

> 树木在屋顶上形成的花斑效果要清晰地表现在图面上,这样画面的真实感会更强。

> 在绘制斜面屋顶时可借助直尺绘制斜线条,这样木质材料的轮廓以及整体建筑的体积感都能得到有效提升。

> 画面边缘的树木在绘制时要强化对其暗部的细节刻画。

图 5-26　别墅建筑效果图(杨雨金)(七)

> 绘制时必须注意天空云彩与主体建筑相接触的区域要适当留白,这样画面效果才会真实。

> 斜面屋顶选用深色表现,在绘制时除大面积平铺着色外,还需运用点笔的方式来强化建筑材料的材质特征。

> 建筑内部的结构需要重点刻画,可选用不同的色彩来区分建筑材料。

> 地面投影可选用冷灰色与暖灰色叠加来表现。

图 5-27　别墅建筑效果图(杨雨金)(八)

> 建筑墙面可采用竖向运笔的方式绘制,这样可以强化建筑的体积感。

> 建筑与建筑之间的过渡区域可选用点笔的方式绘制。

> 树木位于画面右侧,绘制时简单描绘树木的形态即可。

> 地面草坪的受光面可选用涂改液表现,这种点笔的方式也能表现草坪被风吹拂的姿态。

图 5-28　别墅建筑效果图(杨雨金)(九)

第5章 单图着色步骤方法

- 绘制时要重点刻画玻璃幕墙上的投影,要增强明暗对比。
- 屋面在绘制时要沿着屋顶倾斜的方向着色,建议选用浓度较深的色彩。
- 在绘制草坪时需要描绘出建筑在其上投下的阴影,建议选用较深的绿色,这样也能与建筑色彩相匹配。

图 5-29　别墅建筑效果图（杨雨金）（十）

- 天空云彩采用螺旋形的挑笔绘制而成,笔触比较自然,且线条有疏有密,能营造一种动态美。
- 在建筑屋檐绘制时要强化暗部的投影,这样屋檐结构的立体感会更强。
- 建筑墙面竖向排列有棕色的线条,能够很好地增强画面中心的秩序感。
- 建筑玻璃窗上的反光多用不同明度的蓝色和冷灰色叠加表现。

图 5-30　别墅建筑效果图（杨雨金）（十一）

- 选用了彩色铅笔绘制天空云彩,质感较强,浅蓝色也能带来更多的视觉美感。
- 建筑结构的下半部分要注重阴影的绘制。可选用冷灰色表现,马克笔线条和彩色铅笔线条的叠加使用能够强化建筑结构的体积感。
- 灌木要分层次绘制,一般中间色彩较浅。
- 地面在着色时要分清明暗界限,一般靠近树丛边缘地带的色彩要比其他区域地面的色彩深。

图 5-31　别墅建筑效果图（杨雨金）（十二）

高分应考快题设计表现
建筑与规划设计

天空云彩的存在要能衬托建筑的形体结构，在绘制时应采用比较自然的笔触。

在绘制建筑外墙面时应当预留出受光面的范围，可适当留白或使用涂改液来表现建筑的反光效果。

建筑玻璃选用了不同明度的蓝色叠加表现。注意适当留白，这样建筑的整体感和体积感会更强。

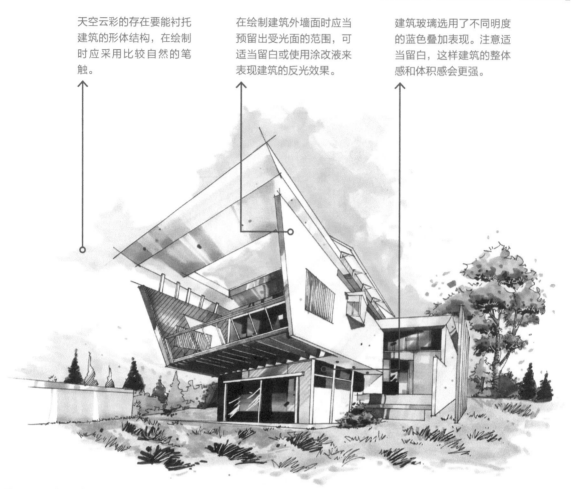

图 5-32　别墅建筑效果图

由于整幅画面的幅面比较小，因此在绘制绿化植物时可以使用大块的笔触来表现树木的形态特征，还可辅以顿笔的笔触来表现树木的整体感。

靠近建筑的树木在绘制时要注重层次感的表现，可先使用深色的马克笔着色，然后再使用白色涂改液来点亮树木的亮面。

当图幅较小时，为了平衡画面，在绘制建筑时，如果建筑的固有色比较深，则可以选择不绘制天空云彩，这样整幅画面也会显得比较整洁。

建筑的暗部区域在绘制时还需保留一定的反光区域，并提前预留出用于树木衬托建筑的着色区域，可选用涂改液来表现建筑上的反光效果。

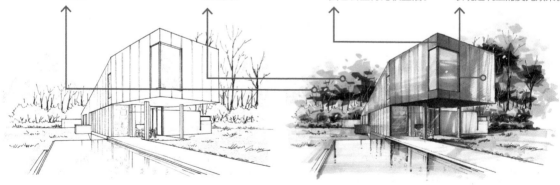

a）线稿　　　　　　　　　　b）着色

图 5-33　别墅建筑效果图（贺怡）

第5章 单图着色步骤方法

玻璃幕墙选用蓝色表现，绘制时要注重对玻璃幕墙反光区域的描绘，并能与天空云彩的色彩有所区分。

天空云彩选用彩色铅笔表现，但在绘制时要考虑到彩色铅笔线条与马克笔线条之间的融合性。

为了丰富建筑的视觉效果，在大面积基础着色后还需使用深色的马克笔和白色涂改液来强化建筑的形体结构，一般以点笔处理。

图 5-34　别墅建筑效果图（杨雨金）（十三）

画面中家具与建筑所选用的色彩为相近色，为了增强画面的视觉效果，建议选用同色系中不同色彩明度的颜色，以便能更好地区分家具和建筑。

画面内所包含的内容较多，为了保持画面洁净，可使用彩色铅笔简单排列线条，以表现天空云彩的特点，但需注意线条排列要有一定的规律。

在绘制屋顶时要严格遵守透视原则，透视方向要正确。

为了丰富画面效果，也为了强化画面中心元素，在具体绘制时还需细致地刻画建筑内部的细部结构。

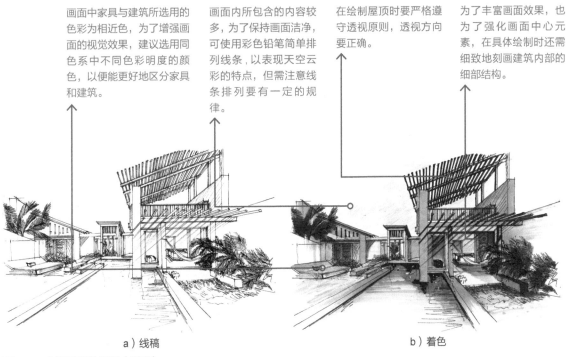

a）线稿　　　　　　　　　　　　b）着色

图 5-35　别墅建筑效果图（周浪）

5.2.5 办公建筑效果图

办公建筑属于商业建筑，一般位于城市中心区域，且周边配有娱乐和休闲场所，在绘制时要选择正确的色彩，可先考虑建筑的固有色（图5-36~图5-51）。

建筑钢结构的受光面可选用暖灰色表现，背光面可选用冷灰色表现。

在绘制建筑外墙的背光面时可选用色彩浓度较深的红色表现，局部倾斜的笔触也能丰富建筑整体的色彩效果。

墙面可选用竖向运笔和点笔的方式表现。

绿化植物面积较小，可绘制花卉作为点缀。

图5-36 办公建筑效果图（杨雨金）（一）

在绘制斜面屋顶时要把控好受光面和背光面的范围，可从左右两侧向中间区域推移绘制，注意色彩明度的变化，一般周边区域色彩较深，中间区域色彩较浅。

用倾斜的白色线条绘制墙面，可以很好地表现光照的方向。

地面阴影可选用深灰色表现，注意着色时要表现色彩的渐变效果。

图5-37 办公建筑效果图（杨雨金）（二）

天空云彩绘制手法比较自由，并以多种不同的笔触叠加而成，营造出一种风云变幻的视觉效果。

建筑墙面要注重对受光面的刻画，可选用点笔和适当留白的方式来强化建筑的体积感。

在绘制时，要重点刻画处于画面中心的建筑结构，要注重主体建筑与周边附属建筑，以及与周边环境之间的色彩对比和明暗对比。

图5-38 办公建筑效果图（杨雨金）（三）

第5章 单图着色步骤方法

> 建筑顶端可绘制少量的云彩，选用浅蓝色表现即可，这样云彩可很好的衬托建筑。

> 绘制时要细致地刻画出主体建筑的明暗交界线，这样建筑的体积感才会更强，可绘制倾斜线条来表现建筑暗部区域的特征。

> 绘制时要区分主体建筑和附属建筑，可使用点笔的方式来表现附属建筑的形体结构特征。

> 树木处于远景范围内，可选用不同色彩浓度的深绿色来表现。

图 5-39　办公建筑效果图（杨雨金）（四）

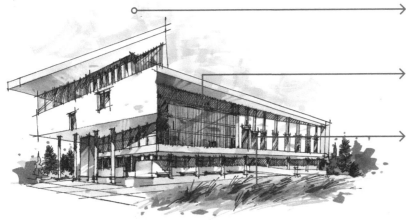

> 绘制天空云彩时可选用字迹较干的马克笔，这样画面的动感也会比较强。

> 在绘制建筑时要注重对阴影的塑造，此处建筑屋檐的阴影可采用双线条表现。

> 在绘制草坪时要沿着一个方向绘制，并注重笔触的轻重，色彩运用也应当有深有浅，这样也能更好地营造草坪被风吹拂的视觉效果。

图 5-40　办公建筑效果图（杨雨金）（五）

> 玻璃幕墙选用了蓝色和紫色叠加表现，既能丰富画面效果，也能有效增强建筑的整体感。

> 玻璃幕墙面积较大，在绘制时要表现出玻璃底部树木的形态，对玻璃幕墙中的投影也需要重点刻画。

> 灌木可选用多种色彩浓度不同的绿色来表现，在具体着色时要巧妙地融合深色和浅色，并控制好运笔的间隙，塑造更真实的画面。

图 5-41　办公建筑效果图（杨雨金）（六）

高分应考快题设计表现
建筑与规划设计

→ 画面左侧区域内的树木简单着色即可，注意树叶的浅色要与周边环境的深色相互融合。

→ 建筑中央的结构为木质材料制作而成，可选用较深的黄棕色表现，运笔方式为竖向运笔。

→ 绘制时要能表现出玻璃幕墙的反光效果，所选的色彩不可深于建筑周边绿化植物的色彩。

→ 石块和草坪位于画面的前景范围内，在绘制时要加强对阴影的刻画，以突出石块和草坪的形象。

图 5-42　办公建筑效果图（杨雨金）（七）

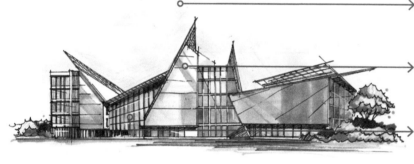

→ 天空云彩选用浅蓝色彩色铅笔线条表现，能很好地衬托建筑的形体结构。

→ 三角形建筑的墙面在绘制时要重点表现光影关系，建议以绘制三角形的形式运笔。

→ 选用不同色彩明度的蓝色来表现玻璃幕墙的反射效果。

图 5-43　办公建筑效果图（蒋文武）

→ 建筑侧面采用了多种笔触，且各笔触之间十分融洽，挑笔的运笔方式也有效增强了画面效果。

→ 绘制时要明确玻璃幕墙的明暗交界线，一般玻璃幕墙的受光面为冷色调，背光面则选用偏紫的色彩表现。

→ 重要的建筑结构要细致刻画，靠近画面边缘的建筑结构不可过于突兀地消失。

→ 地面在绘制时还需刻画树木的阴影，可选用三种明度不同的蓝灰色来表现。

图 5-44　办公建筑效果图（杨雨金）（八）

第5章 单图着色步骤方法

天空云彩运笔自由，为了更好地衬托建筑的形体结构，建筑屋顶可选用冷灰色，这样也能与天空云彩的深蓝色形成比较明显的色彩对比。

建筑的侧面为受光面，因此绘制时应当适当留白。

建筑结构的侧面同样为受光面，在绘制时要能营造出比较光亮的效果。

草坪所选用的色彩较深，可以很好地衬托主体建筑。

图 5-45　办公建筑效果图（杨雨金）（九）

天空云彩采用了顿笔的技法来描绘，能够充分地表现云朵的造型美和体积感。

主要表现玻璃上的投影，注意要与天空云彩的颜色有所区分，建议选用偏冷的蓝色。

建筑墙面要根据建筑材料的不同选择不同的笔触，可适当地运用点笔的技法来丰富建筑材料的材质效果。

画面远处的树木简单绘制即可，此处选用了冷灰色，可以很好地与建筑的色彩相搭配。

图 5-46　商务办公建筑效果图（石骐华）（一）

天空云彩在绘制时可在蓝色底色的基础上增添少量的粉色，这样既能烘托主体建筑，也能丰富画面效果。

绘制主体建筑时要表现阳光照射的方向，着色时应当由上往下逐渐加深色彩。

建筑结构由交替的线条组成，可很好地平衡画面。

草坪要沿着同一方向绘制，这样能更好地表现草坪被风吹倒的景象。

图 5-47　商务办公建筑效果图（石骐华）（二）

高分应考快题设计表现
建筑与规划设计

天空云彩选用了不同深浅度的蓝色，运笔比较自然，艺术美感比较强。

建筑墙面以倾斜的笔触绘制，既能很好地表现阳光照射的方向，也能增强画面的真实感。

近处的道路可借助直尺辅助绘制，这样画面整洁感也会比较强。

灌木绘制比较整齐，与四四方方的建筑能够形成呼应。

图5-48　商务办公建筑效果图（王璇）（一）

天空云彩用色大胆，且分层次绘制，围绕在建筑周边的色彩较深，远离建筑的云彩色彩较浅。

建筑墙面在绘制时要确定好光照的方向，并利用色彩深浅度的不同来区分建筑的明暗面。

建筑墙面的色彩比较浅，能与天空云彩形成比较强烈的色彩对比，这种表现形式也能很好地烘托建筑的形体结构。

图5-49　商务办公建筑效果图（王璇）（二）

建筑受到灯光的影响，受光面在墙面的左侧，背光面在右侧。

建筑内部的灯光需形成比较强烈的光照效果，在绘制玻璃幕墙时要考虑这一点，要适当地使用蓝色来表现玻璃幕墙上的投影。

水面要注重对阴影的刻画，可横向运笔来表现建筑倒影，并适当采用竖向运笔，以便更好地区分不同的色彩，丰富画面效果。

图5-50　商务办公建筑效果图（王璇）（三）

第5章 单图着色步骤方法

> **小贴士**
>
>
>
> **线稿表现特征**
>
> 线稿应分清建筑中的主次结构，明确画面中暗部面积，协调好建筑与周边环境之间的明暗对比度。根据远、中、近景的不同排列疏密程度不同的线条，并巧妙运用多种不同的笔触来使得画面效果更具视觉美感和艺术感。

a）线稿

图 5-51　办公建筑效果图（贺怡）

121

高分应考快题设计表现
建筑与规划设计

建筑比较高，在绘制天空云彩时可分段绘制，这样每一段云彩都能很好地衬托建筑结构。

建筑表面选用了竖向运笔的表现形式，暖灰色的线条能够很好地表现建筑表面的材质特征。

绘制玻璃幕墙时要能表现出阳光照射其上形成的反光效果以及镀膜玻璃自身的固有色，且需注意玻璃幕墙的蓝色应与天空云彩的蓝色不同。

树梢位于建筑周边区域，简单绘制其形态即可，但绘制时不可过多地遮盖住建筑结构。

建筑底部的灌木在绘制时可选用深绿色来表现树木的形态，可适当地采用白色高光笔来勾勒树木的轮廓，这样树木的层次感和体积感都能得到有效的增强。

b）着色

图 5-51　办公建筑效果图（贺怡）（续）

5.2.6 博览中心建筑效果图

博览中心建筑需要同时具备展览功能和会议功能，这类建筑造型一般具有较强的审美性，在绘制时要明确建筑的透视方向和光影关系，并能清晰地展示在图面上（图 5-52 ～图 5-55）。

画面边缘不需过多地绘制绿化植物，并注意在线条绘制结束时笔触要自然。

在绘制玻璃幕墙时，清晰地表现了建筑在玻璃上形成的投影，真实感较强。

建筑屋檐下方选用的色彩比较深，既能表现阴影，也能与天空云彩的浅蓝色形成比较明显的色彩对比，这样建筑的轮廓也会更突出。

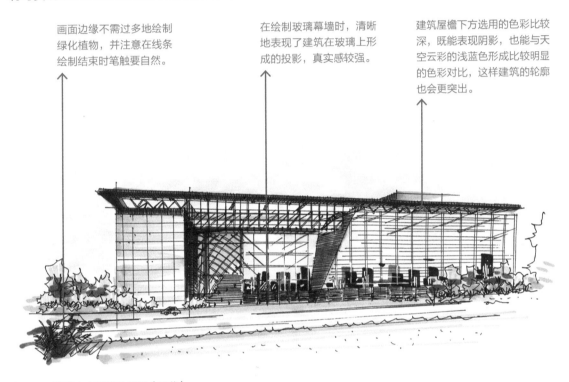

图 5-52　博览中心建筑效果图（王璇）

草坪位于画面边缘，绘制时除用马克笔进行基础着色外，还可使用深色的彩色铅笔在草坪表面再覆盖一层，这样画面效果会更好。

建筑造型为弧形，因此所绘制的阴影也应当为弧形。

在着色时需要考虑建筑自身材料对建筑色彩产生的影响，此处需突显玻璃幕墙的色彩特征。

建筑的顶端所选用的色彩比较深，为了平衡画面色彩，天空云彩可不着色。

a）线稿　　　　　　　　　　　　　　　b）着色

图 5-53　博览中心建筑效果图（周浪）

高分应考快题设计表现
建筑与规划设计

云彩采用顿笔的方式绘制,真实感比较强,视觉效果也比较好。

在为建筑倾斜的外立面着色时应由上往下逐渐加深色彩,这种表现形式能够很好地增强建筑的层次感。

建筑入口处为画面的中心,绘制时要重点刻画其细节,要注重对玻璃幕墙上投影的描绘,注意玻璃幕墙的蓝色要与天空云彩的蓝色有所不同,这样画面的色彩也会比较平衡。

图 5-54　展览馆建筑效果图(杨雨金)(一)

在绘制建筑门窗时应当适当地加深反光效果,还可适当留白,以突显其体积感。

建筑的亮面可选用倾斜的笔触来表现,这种表现形式能够清晰地呈现光照方向。

建筑屋檐下的背光面可选用红色和灰色叠加表现,并采用平铺和点笔的笔触,这样建筑的层次感和体积感也会更强。

绘制时要分清建筑的明暗面,并清晰地绘制出明暗交界线。

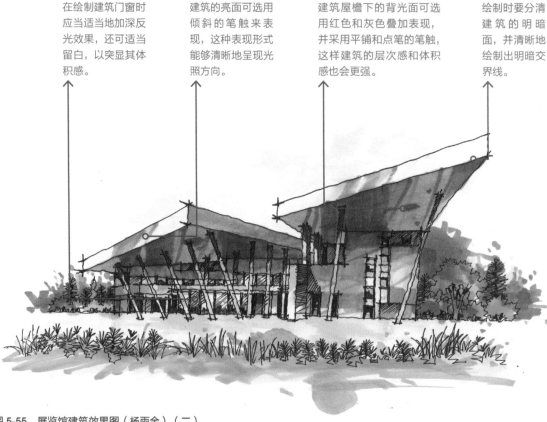

图 5-55　展览馆建筑效果图(杨雨金)(二)

5.2.7 古建筑效果图

古建筑带有浓郁的古朴气息,并寄托了前人深厚的情感,在绘制时要注重建筑细节的表现,如复杂的屋檐结构等(图 5-56~图 5-62)。

→ 古建筑房屋依山而建,但因其分布集中,受光面较少,在绘制时可选用暖灰色来表现该建筑的形体特征。

→ 深色的绿化植物能够很好地衬托灰色的建筑。

→ 建筑位于画面近景区域内,绘制时选用了不同深浅度的灰色,色彩较深的为门,色彩较浅的为墙。

→ 地面选用乱线绘制,视觉上如同水面,这种表现形式能够形象地表现地面湿漉漉的效果。

图 5-56　古建筑街景效果图(杨雨金)

→ 天空云彩以大面积的蓝色呈现,并在其中穿插了少量的紫色,这样云彩的体积感会更强。

→ 穹顶的背光面选用了冷色调,受光面则选用了暖色调,画面色彩比较平衡。

→ 建筑结构处于暗部区域,绘制时要强化对阴影的刻画,并适当增强明暗对比度。

图 5-57　古建筑鸟瞰效果图(杨雨金)

高分应考快题设计表现
建筑与规划设计

> 绘制建筑屋顶时先使用了浅色的马克笔覆盖,然后使用相近色的彩色铅笔在其表面又覆盖了一层,这种表现形式能够有效增强建筑屋顶的层次感和体积感。

> 作为辅助存在的人物可有选择性地着色,这样画面的真实感会更强。

> 水面选用了不同明度的蓝色,视觉感比较好,注意这些蓝色要与天空的颜色有所区分。

图 5-58 民居古建筑效果图

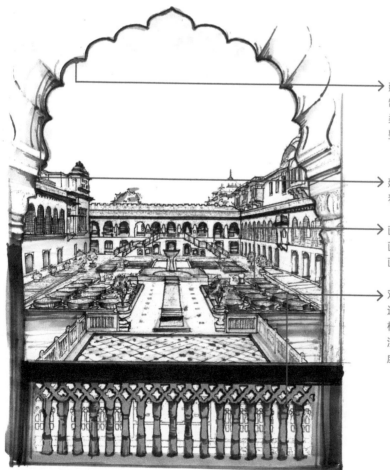

> 建筑的圆弧形造型选用波浪线绘制,运笔速度均匀,笔触细腻且柔和,并且两边弧形造型相对称,整体画面的构图比较平衡。

> 建筑结构可选用暖灰色表现,但着色时注意不可超过着色范围。

> 画面中内容较多,要分主次绘制,画面中的绿化均选用了同一色系,画面的整体感比较强。

> 对于位于画面近景范围内的结构,选用暖灰色可以很好地表现该结构的材质特色,也能与画面远处没有着色的结构形成比较明显的虚实对比。

图 5-59 古典建筑效果图(朱丝雨)

第5章 单图着色步骤方法

窗台下的墙面选用了深色，能很好地表现墙面的材质特征。此外，窗台下的阴影区域也需再次加深色彩。

通过细致刻画建筑内部的灯光，来烘托建筑的形态，并表现建筑所处的环境特征。

岸边的背光面色彩比较深，且明暗交界线比较明显，这种表现形式能很好地增强河岸的轮廓感。

对水面倒影的细致刻画可以有效增强画面的真实感，此处水面倒影所选用的色彩比较深。

图 5-60　古建筑街景效果图（广莹）

建筑与规划设计
高分应考快题设计表现

为了协调画面美感，也为了完善画面效果，在建筑绘制结束后还需绘制相关的配景。此处街道在灯光的照射下呈现为暖黄色。

建筑屋顶位于画面近景区域内，所选用的色彩比较浅。

建筑位于画面的高处，所选用的色彩比较浅，并与天空的色彩互为相近色。

屋顶位于画面的中部，为了有效地衬托出画面上部的浅色建筑，可选用色彩浓度较深的棕红色绘制。

图 5-61 古建筑街景效果图（王猛）

第5章 单图着色步骤方法

台阶的绘制要能区分出凹面和凸面,利用涂改液点白台阶的外凸阳角部位,可以有效地强化台阶的真实感。

建筑屋檐下的阴影可选用偏冷的灰色表现。

可通过绘制密集的线条来表现建筑阴影的特征,这种表现形式也能有效增强建筑的体积感。

石块的暗部区域可选用黄绿色,这种色彩可以很充分地表现青苔的形态。

靠近画面边缘的石块同样可以选用密集的线条表现,这样石块的体积感会比较强。

图 5-62　古建筑街景效果图

129

5.2.8 规划设计效果图

规划设计所囊括的内容较多,如道路、桥梁、河湖、建筑、部分地形结构等,在绘制时要有比较清晰的大局观,明确画面中心,主次分明,并能在图纸上正确地表现透视关系、明暗关系和光影关系等(图5-63、图5-64)。

远处的山川选用乱线绘制而成,蓝色和浅紫色的交叠使得山川更具层次感和体积感。

建筑造型比较奇特,在绘制时要控制好运笔速度和下笔力度,建议选用细线来勾勒建筑的轮廓。

适当留白用于表现画面中的反光区域,这种留白也能使画面中的内容不至于过于紧凑。

桥下的绿化植物可选用多种不同的绿色绘制,这样不仅可以丰富画面的视觉效果,也能有效增强画面的层次感。

图 5-63 规划设计效果图(杨雨金)

绘图时要有主次之分,位于画面远景范围内的建筑可只绘制线稿或为少量建筑着色,这样也能更好地烘托画面中心区域内的建筑。

为了丰富画面的内容,可在建筑屋顶适当地绘制一些绿化,笔触一般比较自由。

建筑墙面可选用多种不同的色彩绘制,注意分清建筑的受光面和背光面。

可利用扫笔的技法来表现河流的纵深感,绘制时要注意河流的蓝色应与建筑玻璃幕墙的蓝色有所区分。

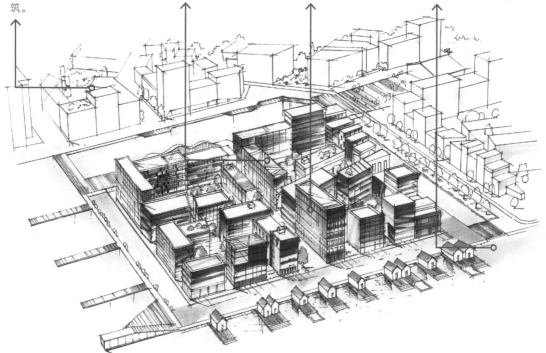

图 5-64 规划设计效果图(周灵均)

第6章 快题设计作品解析

学习难度： ★★★★☆
重点概念： 版面设计、慢速绘制快题、快题作品解析
章节导读： 优秀的快题设计应当具有良好的版面构图，图面中的色彩、线条等能清晰表明设计方案的设计定义和设计内涵。一般考研常见的快题考试模式有两种，即快速快题考试（考试时间为 3～4 小时）和慢速快题考试（考试时间为 6～8 小时）。本章通过解析优秀的快题作品，阐明建筑与规划设计的技巧与考试注意事项。

高分应考快题设计表现
建筑与规划设计

6.1 快题版面设计

快题设计讲究版面构图，要求具有形式美感，要让版面中各种图文元素能清晰展示在评卷老师面前，才更可能获得高分。

6.1.1 版面设计元素

版面设计是快题设计中必不可少的一部分，它要求考生在绘制快题设计时能够分清画面的主次，并能够赋予图稿视觉和色调的双平衡。一般快题设计中主要包括标题、创意思维图、平面图与顶面图、立面图与剖面图、效果图以及设计说明，这些版面元素在图稿中占有不同的比例（图6-1）。

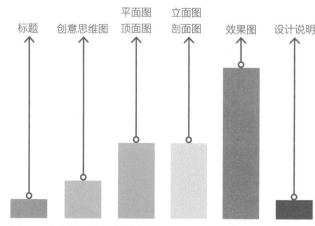

←版面设计要求整洁合理，为此需要做到两点，一是设计元素与整体框架之间要对齐，单块与单块之间要对齐，单块与整体之间要对齐；二是快题设计图稿中，不同的隐形矩形框要对齐，图稿中的色块、文字以及效果图等要成组或成块呈现在图稿上。此外，绘制快题设计图稿时要合理地运用色块，根据不同设计对象，其色彩比例也要有所不同，且画面中应当有主色和配色，色彩的浓度也应当符合设计要求。

图6-1 各版面元素所占比例示意图

6.1.2 版面布局形式

快题设计图稿中的版面布局讲究平衡性和逻辑性，平衡性要求图稿中所有设计元素所处的环境、所占的比例和所占的面积能够相互平衡；逻辑性要求快题图稿中的版面构图能够满足公众日常的观赏习惯，绘制的内容能够清晰表现设计立意，能完整且连贯地传达设计内涵，最终所形成的视觉效果应极具美感。下面列出快题设计图稿中常见的版面布局形式。

如图6-2所示为快题设计版面布局示意图。

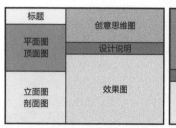   

图6-2 快题设计版面布局示意图

↑设计说明中的文字应当间隔有序，且字迹要工整，字体大小和文字所占比例也要符合版面要求。

第6章 快题设计作品解析

6.2 优秀作品解析

本节主要介绍不同类型的建筑快题与规划快题手绘的要点,通过对优秀的快题设计作品进行解读,以此获取绘制经验,也能从中得到启发,为考试夯实基础。

6.2.1 建筑设计快题作品

建筑类型较多,如教学楼、设计工坊、美术馆、图书馆等,在绘制建筑快题设计图稿时要能准确地表现建筑的造型特征,并通过对光影关系与透视关系的合理把控,呈现更具视觉美感的画面效果(图6-3~图6-22)。

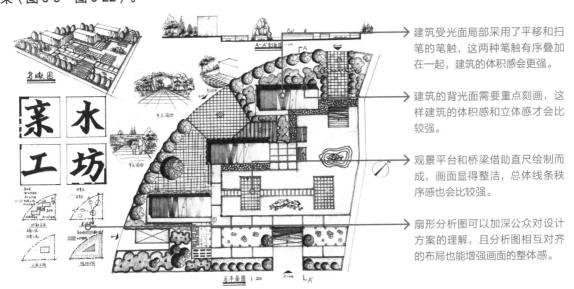

建筑受光面局部采用了平移和扫笔的笔触,这两种笔触有序叠加在一起,建筑的体积感会更强。

建筑的背光面需要重点刻画,这样建筑的体积感和立体感才会比较强。

观景平台和桥梁借助直尺绘制而成,画面显得整洁,总体线条秩序感也会比较强。

扇形分析图可以加深公众对设计方案的理解,且分析图相互对齐的布局也能增强画面的整体感。

图6-3 亲水工坊(李婵)

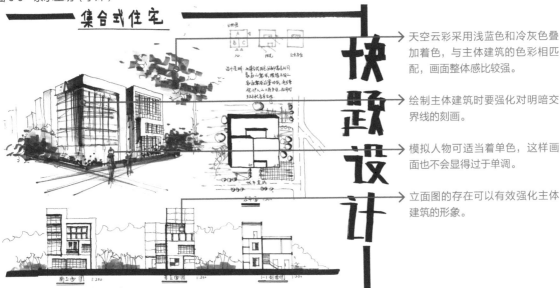

天空云彩采用浅蓝色和冷灰色叠加着色,与主体建筑的色彩相匹配,画面整体感比较强。

绘制主体建筑时要强化对明暗交界线的刻画。

模拟人物可适当着单色,这样画面也不会显得过于单调。

立面图的存在可以有效强化主体建筑的形象。

图6-4 集合式住宅(何静)

高分应考快题设计表现
建筑与规划设计

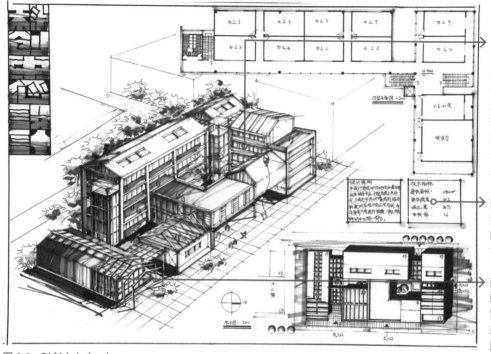

> 对建筑内部细节的刻画能够更形象地表现建筑设计的特色，此处选用了蓝色来表现建筑玻璃，并以适量地留白来表现建筑玻璃的反光面。

> 技术指标简单、明了，以数据化的形式突显了设计方案的可行性。

> 建筑明暗面要清晰地表现出来，留白能够真实地表现钢结构的材质特点。

图 6-5　科创中心（一）

效果图中建筑的受光面为暖白色，背光面为冷灰色，且明暗交界线十分明显。

对设计中的细节构造放大表现，绘制局部空间效果图，表现空间感与体积感。

> 绿化植物以多种绿色填充，形成丰富的色彩对比，适当留白表现树木的体积感。

> 山石主要采用了冷灰色着色，且周边配有绿植，视觉效果比较好。

> 功能分析气泡图以简单的形式阐明了该创意工坊所囊括的功能分区，形象易理解。

> 标题文字之间间隔有序，且字体有创意，视觉感好。

图 6-6　创意工坊（全瑶佳）

第6章 快题设计作品解析

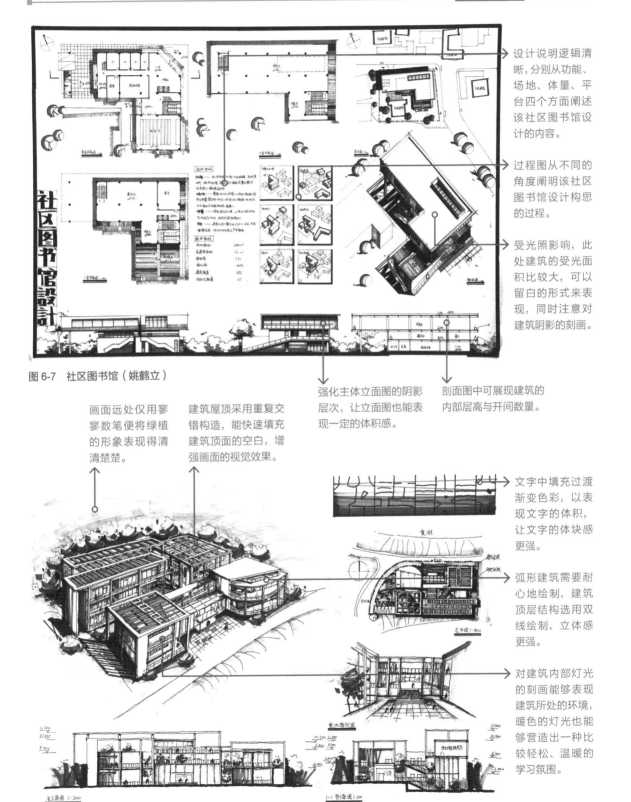

图 6-7 社区图书馆（姚鹤立）

图 6-8 教学楼（王鸿晶）

135

高分应考快题设计表现
建筑与规划设计

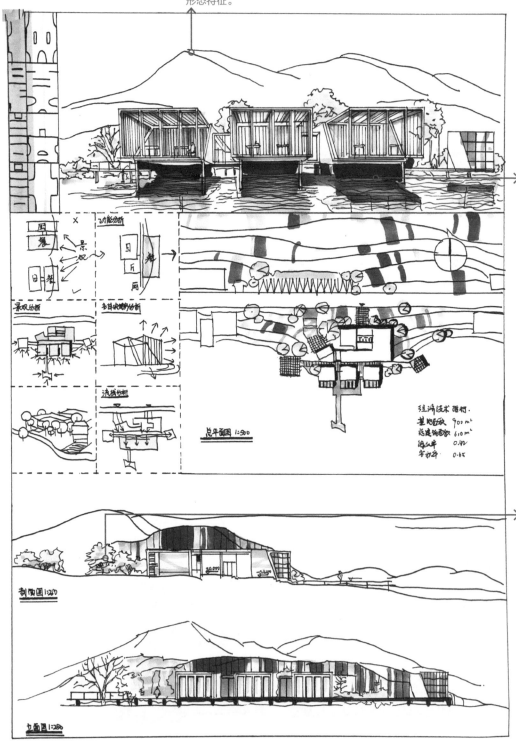

山川选用中等粗细的线条绘制而成，运笔流畅，且能清晰地表现山川的形态特征。

建筑下部的阴影色彩比较深，与建筑主体色彩形成较明显的色彩对比。此外，建筑下方选用了乱线来表现流水，线条有序排列，不会显得过于凌乱，画面的自然感和生动感也会更强。

建筑侧面和后方的植物采用了点绘的表现方式，既能展现植物的特征，同时也能烘托主体建筑。

图 6-9　休憩中心（一）

第6章 快题设计作品解析

以鸟瞰视角表现建筑可以简化建筑的透视形态,弱化两点透视的收缩感,让建筑呈现轴测图的视觉特征。

水边建筑的背后大多为山地或坡地,地势高差通过色彩深浅来区分,地势较低处为深色,地势较高处为浅色。

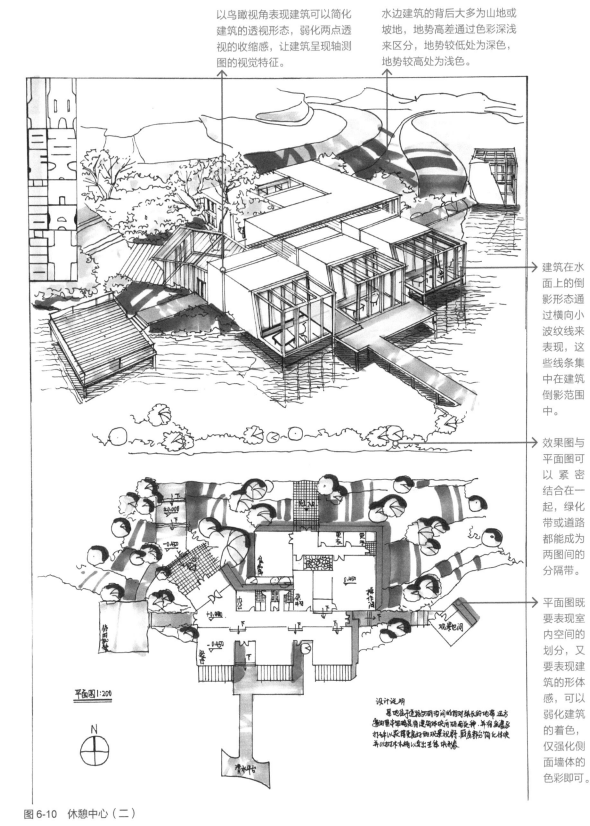

建筑在水面上的倒影形态通过横向小波纹线来表现,这些线条集中在建筑倒影范围中。

效果图与平面图可以紧密结合在一起,绿化带或道路都能成为两图间的分隔带。

平面图既要表现室内空间的划分,又要表现建筑的形体感,可以弱化建筑的着色,仅强化侧面墙体的色彩即可。

图 6-10 休憩中心(二)

图 6-11 展览馆（一）

第6章 快题设计作品解析

高耸的尖角是建筑造型的主要特征，在效果图中降低视平线能表现凸出的造型，也能清晰表现明暗交界线，形成强烈的体积感。

框架线状文字书写简单，能快速建立文字构架，是否着色可根据考试时间来定。

密集的小窗户是建筑外墙的造型特色，不规则的窗户形态能引入充足的太阳光，在室内形成特殊的光斑效果。

分层绘制室内平面图，强调功能分区的合理性，可不着色或少着色，平面图外部可着色来衬托不着色的平面图。

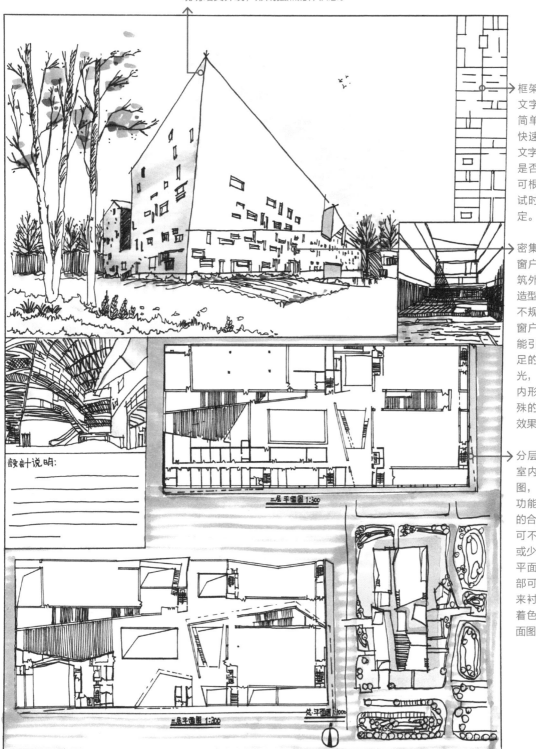

图 6-12　展览馆（二）

建筑与规划设计

高分应考快题设计表现

空间示意图能明确展现室内外空间的形态差异。

建筑立面图中的色彩要有明确区分，建筑的白色外墙能调和绿化植物与木质构造两种色彩。

建筑内部形成回廊，方便交通，建筑中央为室外花园，是建筑内各功能区的共享空间，需要重点着色，表现丰富的色彩对比。

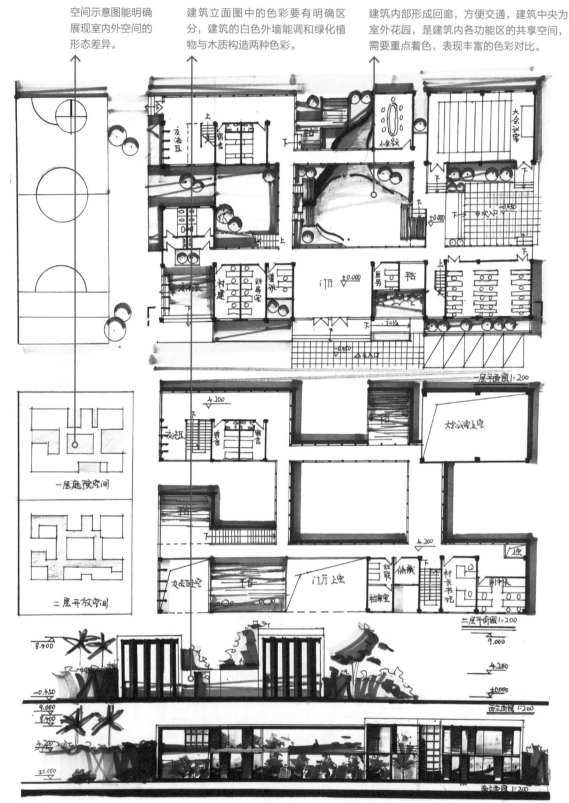

图 6-13 村镇办公楼（王鸿晶）（一）

第6章 快题设计作品解析

图 6-14 村镇办公楼（王鸿晶）（二）

高分应考快题设计表现
建筑与规划设计

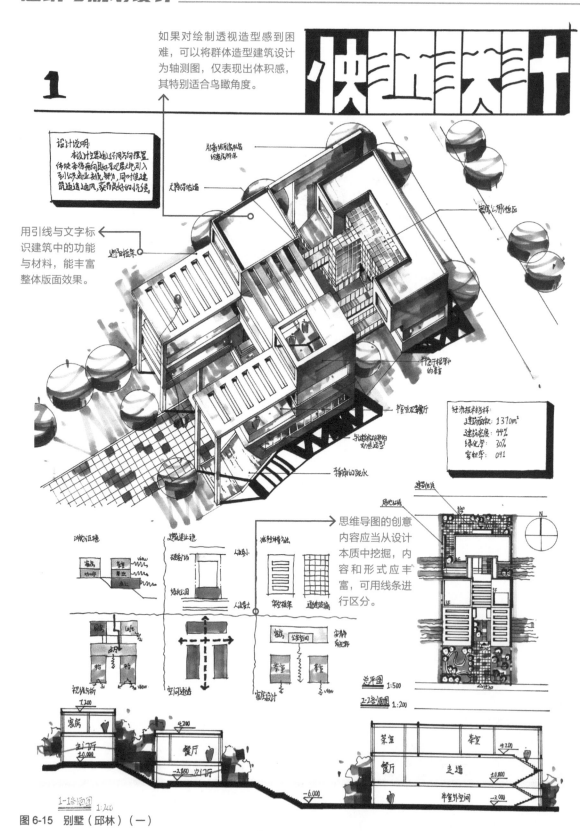

图 6-15 别墅（邱林）（一）

第6章 快题设计作品解析

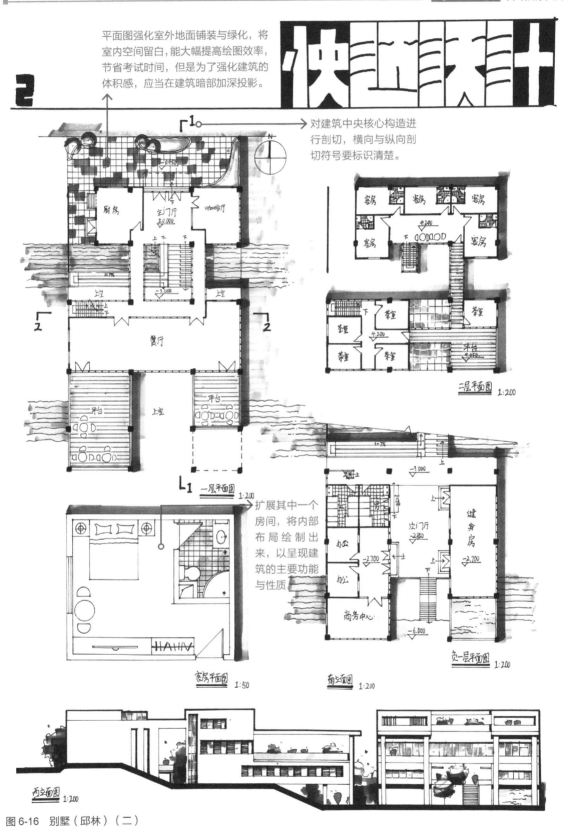

图 6-16 别墅（邱林）（二）

建筑与规划设计

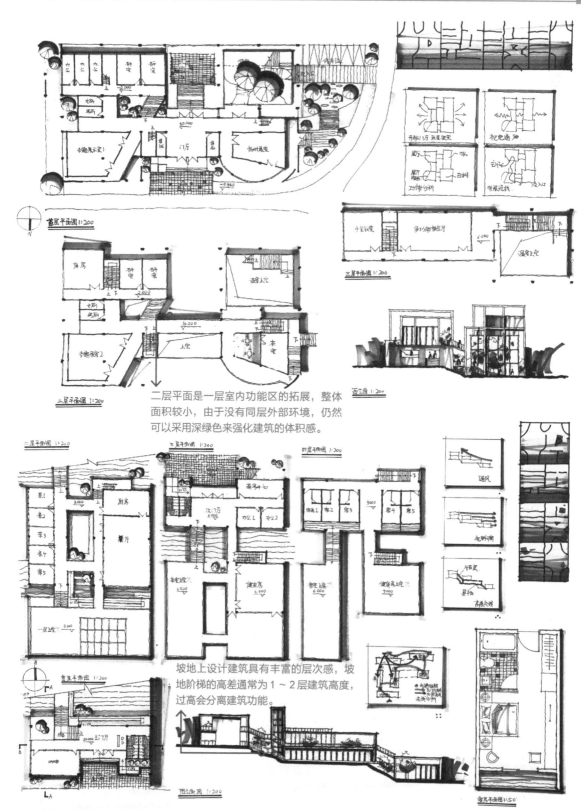

图 6-17 办公大楼（王鸿晶）

第6章 快题设计作品解析

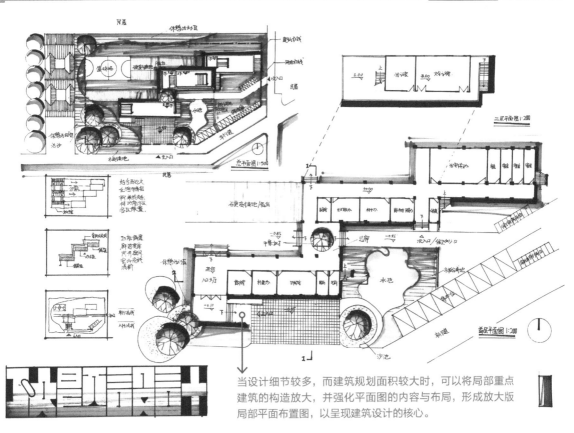

当设计细节较多,而建筑规划面积较大时,可以将局部重点建筑的构造放大,并强化平面图的内容与布局,形成放大版局部平面布置图,以呈现建筑设计的核心。

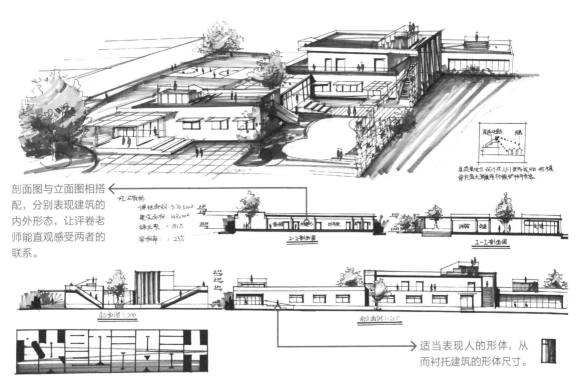

剖面图与立面图相搭配,分别表现建筑的内外形态,让评卷老师能直观感受两者的联系。

适当表现人的形体,从而衬托建筑的形体尺寸。

图6-18 村镇办公大楼(王鸿晶)

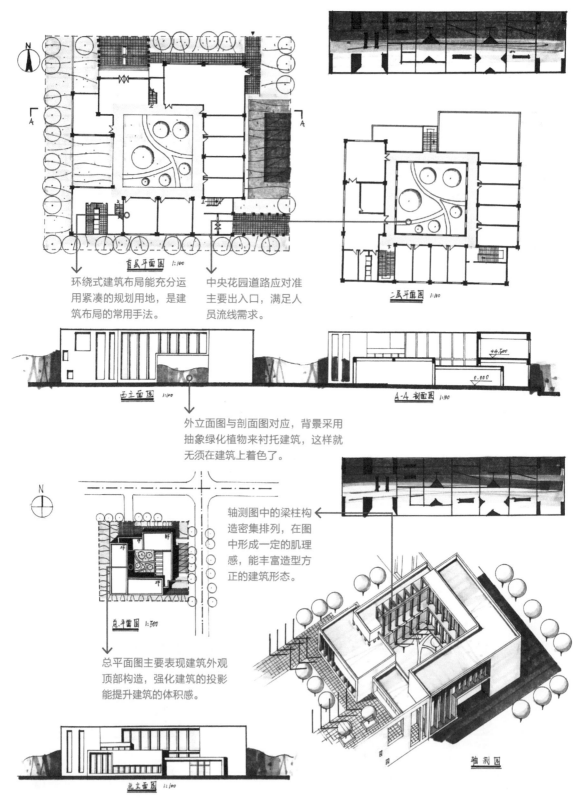

图 6-19 办公大楼（石骐华）

第6章 快题设计作品解析

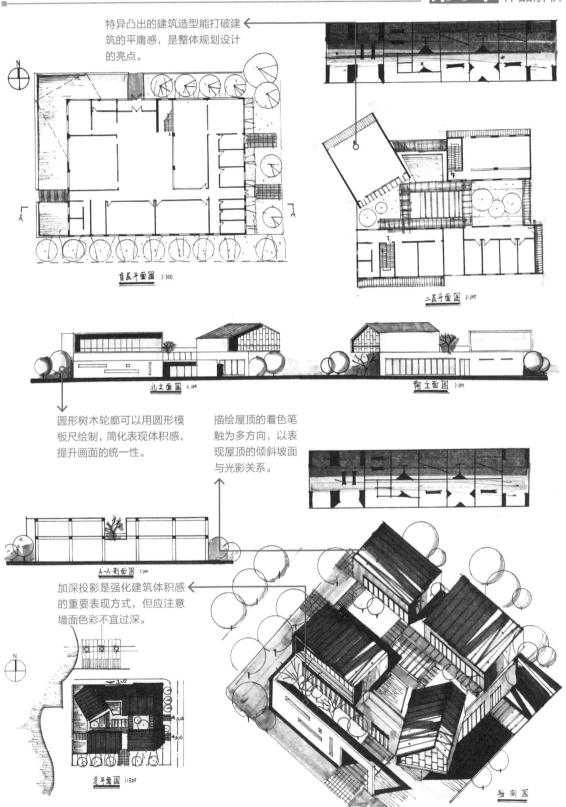

图 6-20 别墅（石骐华）

建筑与规划设计
高分应考快题设计表现

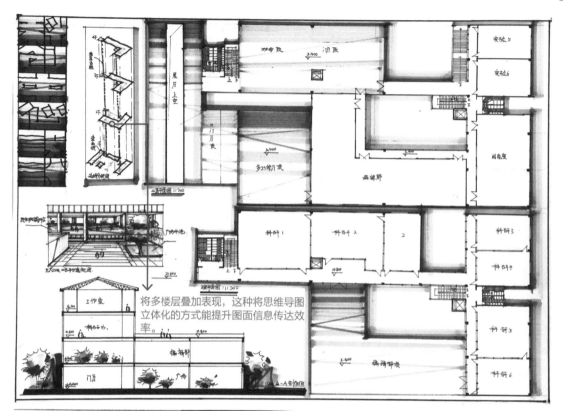

将多楼层叠加表现,这种将思维导图立体化的方式能提升图面信息传达效率。

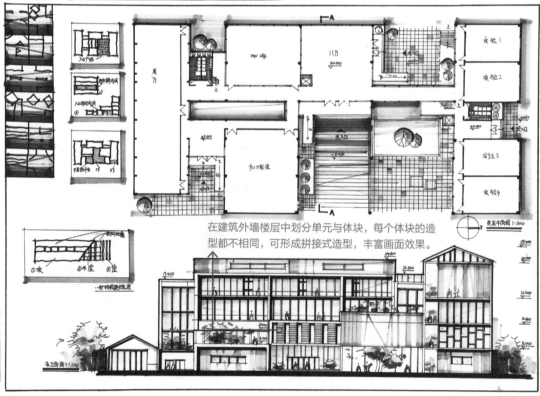

在建筑外墙楼层中划分单元与体块,每个体块的造型都不相同,可形成拼接式造型,丰富画面效果。

图 6-21 科创中心(二)

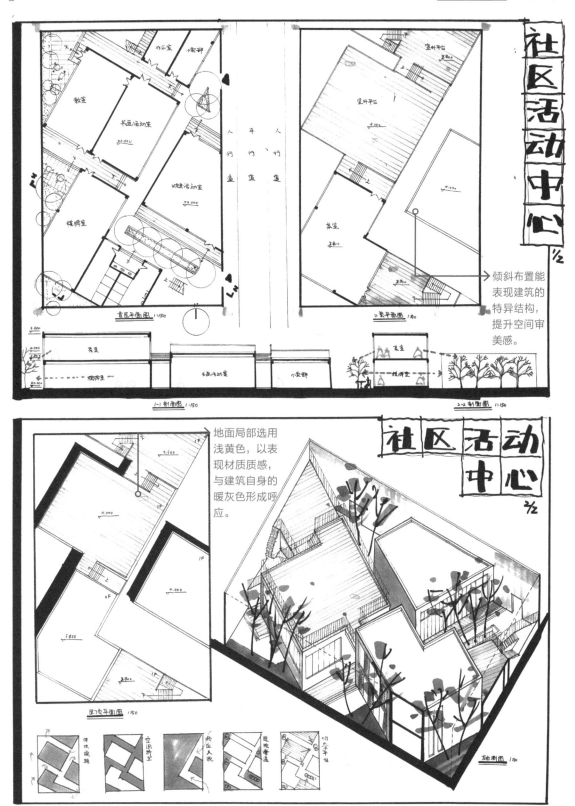

图 6-22 社区活动中心（刘哲）

6.2.2 规划设计快题作品

规划设计是为了更好地进行城市艺术建设，规划设计必须遵循可持续发展原则和以人为本的原则，并要协调好人与城市、人与自然以及城市建设与生态环境之间的关系。在绘制规划设计快题时要充分考虑设计方案的可读性和可行性，从实际出发，图稿中所应用的色彩要能体现设计元素的材质特征，且配景的色彩要能有效衬托主体设计元素（图6-23～图6-34）。

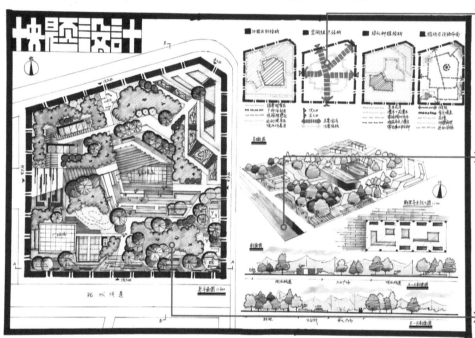

> 功能区划结构分析气泡图和空间组织结构分析导向图能够增强该公共广场规划设计方案的可读性，图中色彩配比也很协调。

> 蓝色能表现河流的特征，适当的留白能够表现船舶划过河流留下的痕迹。此外，加深河岸侧面的色彩也能很好地增强河岸的立体感和体积感。

图6-23 公共广场规划设计

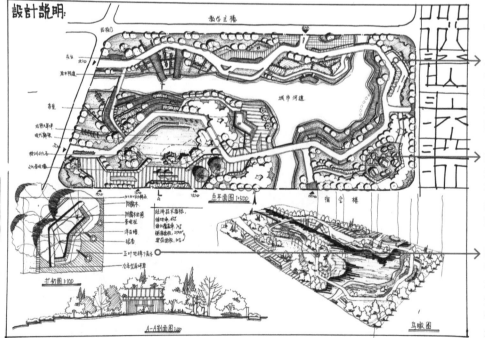

> 平面图中分布有不同的绿植，绘制时需要选用不同色彩浓度的绿色来做区分。

> 木栈桥可分段绘制，且内部绘制的线条不可间隔过密，也不可间隔过于稀疏。

> 规划内的设计元素布局要合理，在绘制时要控制好各设计元素之间的距离。

> 扩初图旁配文字说明，可以有效增强该校园规划设计方案的可读性，也能加深公众对该设计方案的印象。

图6-24 校园景观规划设计

第6章 快题设计作品解析

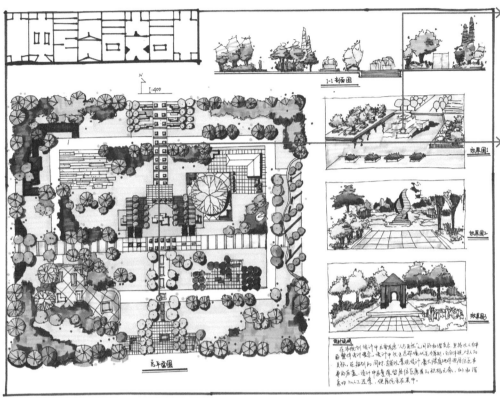

图 6-25 居住区规划设计（余江涛）

根据重点绘制多张效果图，主次分明，水面倒影刻画细致，色彩比例合理，视觉效果好。

平面图能全面展示规划设计内容，绘制植物选用不同色彩明度的绿色、粉色、橙色等来表现不同类别的植物，让画面更丰富。

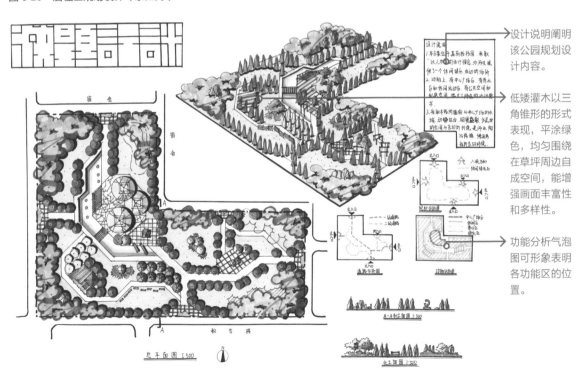

图 6-26 公园规划设计（姚憬远）

设计说明阐明该公园规划设计内容。

低矮灌木以三角锥形的形式表现，平涂绿色，均匀围绕在草坪周边自成空间，能增强画面丰富性和多样性。

功能分析气泡图可形象表明各功能区的位置。

高分应考快题设计表现
建筑与规划设计

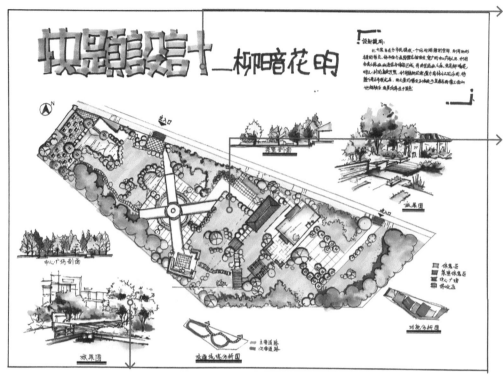

主副标题属于同一色系，但色彩浓度不同，且标题文字间隔有序，字迹整齐，画面感好。

平面图所绘制的内容不可超过绘制的界线，涂色时还需有适当的渐变，这样色彩平衡度和视觉美感较好。

效果图中的植物有绿色、紫色以及红色等色彩，这些不同的色彩能够作为区分不同绿植的标准。

标题文字位于画面的右侧，着以深绿色，这种颜色能与画面的整体色彩相协调，且该标题文字紧扣设计方案，立意比较清晰。

图 6-27　公共广场规划设计（刘露露）

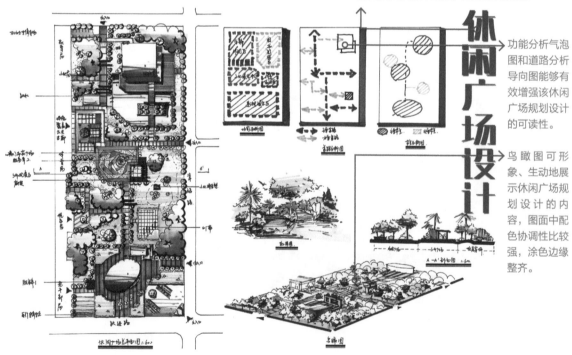

功能分析气泡图和道路分析导向图能够有效增强该休闲广场规划设计的可读性。

鸟瞰图可形象、生动地展示休闲广场规划设计的内容，图面中配色协调性比较强，涂色边缘整齐。

图 6-28　休闲广场规划设计（何静）

第6章 快题设计作品解析

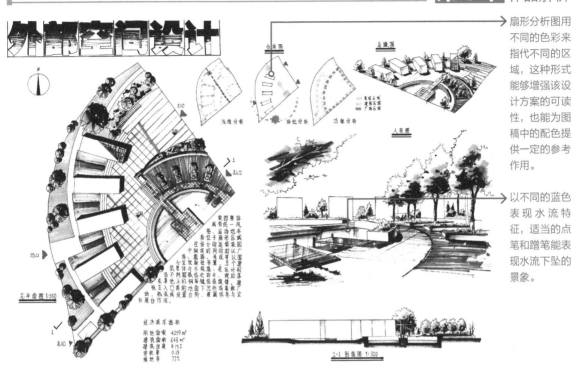

图 6-29　校园外部空间规划设计（贺怡）

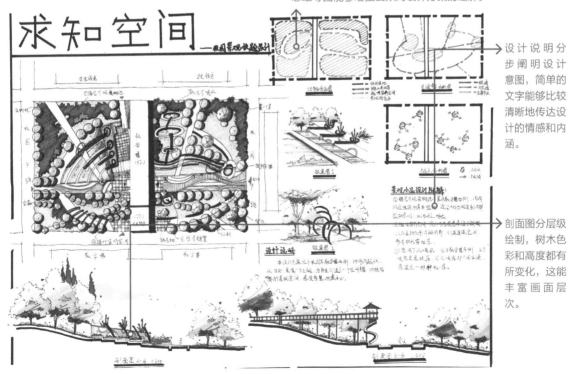

图 6-30　校园景观空间规划设计（催晓鸥）

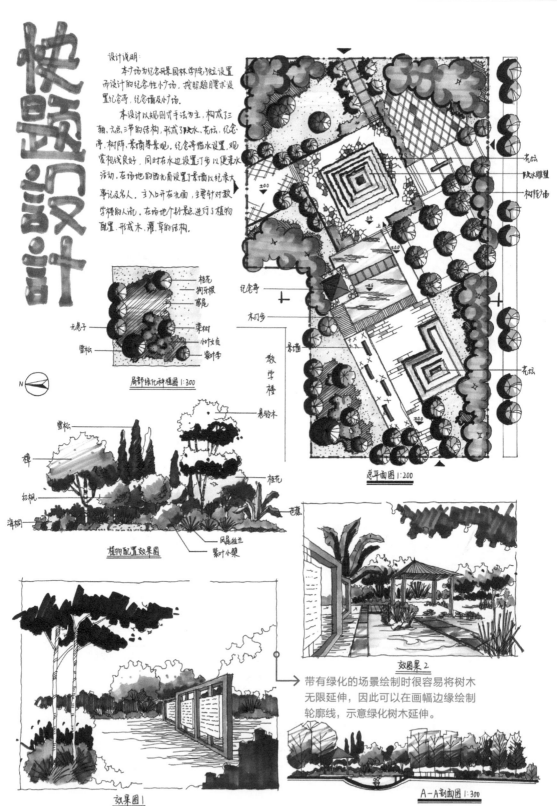

图 6-31 纪念性小广场规划设计（刘悦）

第6章 快题设计作品解析

图6-32 城市广场规划设计（刘思慧）

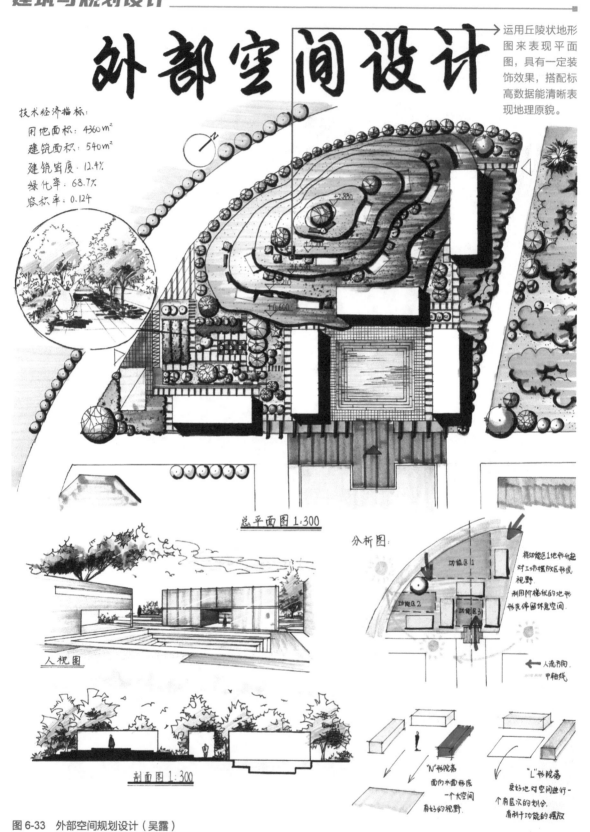

图 6-33 外部空间规划设计（吴露）

第6章 快题设计作品解析

似月云中见 —— 某湖滨公园景观设计

> 多种绿色与棕色相搭配，丰富了画面效果，增强了版面设计的形式感，强化视觉审美，搭配等高线地形图表现场景的真实感。

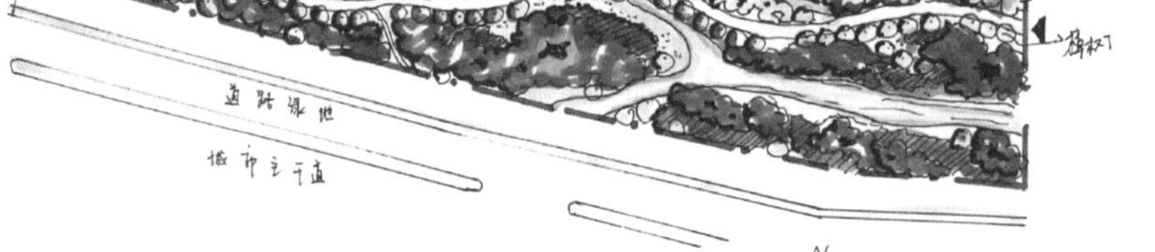

思维导图将多种创意形式综合表现在一起，提升了思维表意的形式感。

鸟瞰图在平面图的基础上进行了空间造型的拉伸，让原本平整化的二维空间凸出纸面，变成了三维空间。

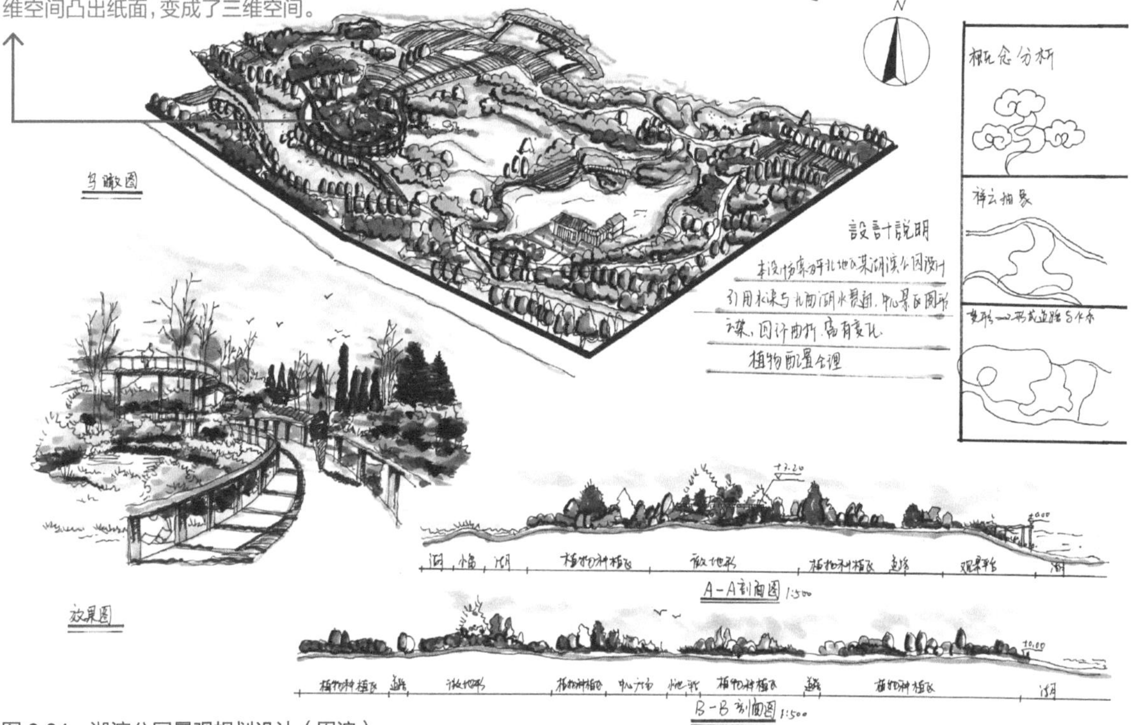

图 6-34 湖滨公园景观规划设计（周浪）

参考文献

[1] 三道手绘. 建筑快题高分攻略 [M]. 沈阳：辽宁科学技术出版社，2014.

[2] 1895 Design 团队. 建筑快题设计指南 [M]. 北京：机械工业出版社，2018.

[3] 金梦潇，郑权一. 巅峰建筑快题设计实例教程 150[M]. 北京：机械工业出版社，2016.

[4] 韦爽真. 规划快题设计——设计方法与案例分析 [M]. 重庆：西南师范大学出版社，2015.

[5] 绘世界手绘考研快题训练营. 城市规划快题设计与表达 [M]. 北京：中国林业出版社，2013.

[6] 王卉，李婧. 方法与表达·规划快题设计 [M]. 北京：中国建筑工业出版社，2019.

[7] 王夏露，李国胜. 建筑快题设计 方法与实例 [M]. 南京：江苏凤凰科学技术出版社，2018.

[8] 辛塞波，张晓明，林大岵. 建筑快题设计 50 问与 100 例 [M]. 北京：化学工业出版社，2015.

[9] 叶茂乐. 建筑设计攻略——建筑快题设计语汇表达 [M]. 北京：中国建筑工业出版社，2017.

[10] 刘稳，张光辉. 城市规划快题设计方法 [M]. 北京：中国建筑工业出版社，2018.

[11] 郭亚成. 建筑快题设计——实用技法与案例解析 [M]. 北京：机械工业出版社，2012.

[12] 王夏露，谷溢，徐志伟. 城市规划快题设计 方法与实例 [M]. 南京：江苏凤凰科学技术出版社，2019.

[13] 李国光，褚童洲. 建筑快题设计——技法与实例 [M]. 2 版. 北京：中国电力出版社，2017.

[14] 王娴. 建筑快题设计——设计方法与案例分析 [M]. 重庆：西南师范大学出版社，2015.

[15] 绘世界手绘考研快题训练营. 建筑快题设计与表达 [M]. 北京：中国林业出版社，2014.